Lecture Notes in Mathematics

A collection of informal reports and seminars
Edited by A. Dold, Heidelberg and B. Eckmann, Zürich

254

C. U. Jensen
Københavns Universitet, København/Danmark

Les Foncteurs Dérivés de $\varprojlim$ et leurs Applications en Théorie des Modules

Springer-Verlag
Berlin · Heidelberg · New York 1972

AMS Subject Classifications (1970): 16 A 62, 16 A 60, 55 B 35

ISBN 978-3-540-05737-6 Springer-Verlag Berlin · Heidelberg · New York
ISBN 978-0-387-05737-8 Springer-Verlag New York · Heidelberg · Berlin

Offsetdruck: Julius Beltz, Hemsbach

INTRODUCTION

Le but de cet article est de donner une introduction à la théorie des foncteurs dérivés de $\varprojlim$ et un apercu de leurs applications dans la théorie des modules et des anneaux. Ces foncteurs $\varprojlim^{(n)}$ont été introduits par plusieurs auteurs, Laudal [28], Nöbeling [38], Roos [42] et Yeh [52], à l'origine principalement en vue de leurs applications à la topologie algébrique, en particulier dans la cohomologie de Čech. Dans [28'] les foncteurs $\varprojlim^{(n)}$sont utilisés dans la théorie des valuations. Dans cet article nous nous occuperons surtout avec les applications à la théorie des modules et leurs dimensions homologiques. Dans la première partie nous donnerons une introduction, essentiellement complète par elle-même, des foncteurs $\varprojlim^{(n)}$, où nous ne supposons connu que les résultats et méthodes fondamentaux de l'algèbre homologique et le langage des catégories, mais dès §4 nous utilisons les foncteurs Ext et Tor et la technique des suites spectrales.

Je tiens à remercier MM. Gruson, Mitchell, Roos et Vasconcelos, avec lesquels j'ai eu des conversations et correspondances, qui m'ont égayé pendant les heures sombres. Particulièrement, je suis très reconnaissant à M.Laudal, qui a eu l'amabilité de lire le manuscrit dans son entier.

C.U.Jensen

TABLE DES MATIERES

§1. Introduction des foncteurs $\varprojlim^{(n)}$

Dans tout ce qui suit R désigne un anneau unitaire (non nécessairement commutatif) et sauf mention expresse du contraire tous les R-modules seront unitaires et des modules à gauche. D'abord nous rappelons des notions bien connues.

Soit I un ensemble ordonné que nous supposons filtraut à droite (en abrégé f.à.d.), c.à.d. pour tout couple (α,β) d'éléments de I il existe un élément $\gamma \in I$ tel que $\gamma \geqq \alpha$ et $\gamma \geqq \beta$. Soit $\{A_\alpha\}$, $\alpha \in I$ une famille de R-modules ayant I comme ensemble d'indices; de plus pour tout couple (α,β) d'indices de I tels que $\alpha \leqq \beta$ soit $f_{\alpha\beta}$ un R-homomorphisme de A_β dans A_α.

Supposons que les $f_{\alpha\beta}$ vérifient les conditions suivantes:

(i) Pour tout $\alpha \in I$, $f_{\alpha\alpha}$ est l'application identique de A_α.

(ii) Les relations $\alpha \leqq \beta \leqq \gamma$ entraînent $f_{\alpha\gamma} = f_{\alpha\beta} f_{\beta\gamma}$.

On dit que le couple $(A_\alpha, f_{\alpha\beta})$ est un système projectif de R-modules sur l'ensemble d'indices I, ou, pour abréger, un I-système projectif.

Si $\{A_\alpha, f_{\alpha\beta}\}$ et $\{B_\alpha, g_{\alpha\beta}\}$ sont deux I-systèmes projectifs, on entend par une application (morphisme) de $\{A_\alpha, f_{\alpha\beta}\}$ dans $\{B_\alpha, g_{\alpha\beta}\}$ une famille de R-homomorphismes $\{u_\alpha\}$ de A_α dans B_α telle que, pour $\alpha \leqq \beta$, le diagramme

$$\begin{array}{ccc} A_\alpha & \xleftarrow{f_{\alpha\beta}} & A_\beta \\ \downarrow u_\alpha & & \downarrow u_\beta \\ B_\alpha & \xleftarrow[g_{\alpha\beta}]{} & B_\beta \end{array}$$

soit commutatif.

Alors c'est facile de voir que les I-systèmes projectifs (I fixe) avec les morphismes introduits comme ci-dessus forment une catégorie abélienne.

Notons ici qu'une suite de morphismes

$$\{A_\alpha, f_{\alpha\beta}\} \underset{\{u_\alpha\}}{\rightarrow} \{B_\alpha, g_{\alpha\beta}\} \underset{\{v_\alpha\}}{\rightarrow} \{C_\alpha, h_{\alpha\beta}\}$$

est exacte dans la catégorie des I-systèmes projectifs si et seulement si

$$A_\alpha \underset{u_\alpha}{\longrightarrow} B_\alpha \underset{v_\alpha}{\longrightarrow} C_\alpha$$

est une suite exacte (dans la catégorie des R-modules) pour tout $\alpha \in I$.

Il y a un foncteur de cette catégorie des I-systèmes projectifs dans la catégorie des R-modules défini comme suit. Pour un I-système projectif $\{A_\alpha, f_{\alpha\beta}\}$ $T\{A_\alpha, f_{\alpha\beta}\}$ sera le sous-module du module produit $\prod_{\alpha\in I} A_\alpha$ formé des éléments $\{a_\alpha\}$ tels que $a_\alpha = f_{\alpha\beta} a_\beta$ pour tout couple (α,β), $\alpha \leq \beta$. Si $\{u_\alpha\}$ est une application de $\{A_\alpha, f_{\alpha\beta}\}$ dans $\{B_\alpha, g_{\alpha\beta}\}$, $T\{u_\alpha\}$ sera le R-homomorphisme défini par $T\{u_\alpha\}(\{a_\alpha\}) = \{u_\alpha a_\alpha\}$.

T s'appelle le foncteur limite projective, et si aucune confusion n'est à craindre, on écrit simplement

$$T\{A_\alpha, f_{\alpha\beta}\} = \varprojlim_I A_\alpha \quad \text{et} \quad T\{u_\alpha\} = \varprojlim_I u_\alpha$$

Il est bien connu que la limite projective est un foncteur exact à gauche, mais, en général, pas exact à droite. (Pour de plus amples détails voir [6]). Il est alors natural d'introduire les foncteurs dérivés à droite.

En effet , la catégorie des I-systèmes projectifs possède suffisament d'objets injectifs. Si $\{A_\alpha, f_{\alpha\beta}\}$ est un I-système projectif, choisissons pour tout α un R-module injectif M_α contenant A_α.

Avec les projections évidentes les modules $Q_\alpha = \prod_{\alpha_0 \leq \alpha} A_{\alpha_0}$ forment un I-système projectif. On vérifie sans difficulté que ce système est un objet injectif dans la catégorie des I-systèmes projectifs. De plus, si l'on pose $u_\alpha(a_\alpha) = \{f_{\alpha_0\alpha}a_\alpha\}$, $\alpha_0 \leq \alpha$, alors les u_α définissent un monomorphisme de $\{A_\alpha, f_{\alpha\beta}\}$ dans le I-système projectif formé par les Q_α et leurs projections.

Maintenant on procède de la manière usuelle. Soient $\{A_\alpha, f_{\alpha\beta}\}$ un système I-projectif et

$$0 \to \{A_\alpha, f_{\alpha\beta}\} \to \{Q_\alpha^{(0)}, p_{\alpha\beta}^{(0)}\} \to \{Q_\alpha^{(1)}, p_{\alpha\beta}^{(1)}\} \to \dots \qquad (1)$$

une résolution injective de $\{A_\alpha, f_{\alpha\beta}\}$; les foncteurs dérivés R^nT sont définis en posant

$$R^nT\{A_\alpha, f_{\alpha\beta}\} = H^n(\varprojlim\{\underline{Q}_\alpha, p_{\alpha\beta}\})$$

où $\{\underline{Q}_\alpha, p_{\alpha\beta}\}$ désigne le complexe associé à (1).

Comme d'ordinaire on voit que les R^nT ne dépendent que de $\{A_\alpha, f_{\alpha\beta}\}$. Si $\{u_\alpha\}$ est un morphisme de $\{A_\alpha, f_{\alpha\beta}\}$ dans $\{B_\alpha, g_{\alpha\beta}\}$, $R^nT\{u_\alpha\}$ est défini de la manière évidente.

Lorsqu'aucune confusion n'est à craindre on a l'habitude de désigner $R^nT\{A_\alpha, f_{\alpha\beta}\}$ par $\varprojlim^{(n)} A_\alpha$.

Si

$$0 \to \{A_\alpha, f_{\alpha\beta}\} \to \{B_\alpha, g_{\alpha\beta}\} \to \{C_\alpha, h_{\alpha\beta}\} \to 0$$

est une suite exacte de I-systèmes projectifs, on obtient comme dans le cas classique une suite exacte:

$$\begin{aligned} 0 \to \varprojlim A_\alpha \to \varprojlim B_\alpha \to \varprojlim C_\alpha \to \varprojlim{}^{(1)} A_\alpha \to \dots \to \\ \varprojlim{}^{(n)}(A_\alpha) \to \varprojlim{}^{(n)} B_\alpha \to \varprojlim{}^{(n)} C_\alpha \to \varprojlim{}^{(n+1)} A_\alpha \to \dots \end{aligned} \qquad (2)$$

Souvent il est commode d'introduire une topologie dans l'ensemble ordonné I en prenant les ensembles $X_\alpha = \{\beta \in I \mid \beta \leqq \alpha\}$ comme base pour les ensembles ouverts. Un sous-ensemble $U \subseteq I$ est ouvert pour cette topologie si U contient avec tout élément α tous les prédécesseurs de α. L'espace topologique X(I) obtenu de cette manière possède la propriété que toute intersection (finie ou infinie) d'ensembles ouverts est ouverte elle-même. De plus, tout sous-ensemble de X(I) est contenu dans un ensemble ouvert minimal. Chacune de ces propriétés caractérise les espaces topologiques provenants d'un ensemble ordonné (non nécessairement filtrant).

Bien que l'on ne s'en serve pas par la suite, il peut être d'interêt de donner une interprétation de $\varprojlim$ et les dérivés $\varprojlim^{(n)}$ en terme de faisceaux sur X(I). En effet, soit $\{A_\alpha, f_{\alpha\beta}\}$ un I-système projectif; pour tout ouvert U dans X(I) posons $T(U) = \varprojlim_{\alpha\in U} A_\alpha$. Si $U \supseteqq V$ sont deux ensembles ouverts il y a une application évidente $\rho_{V,U}$ de T(U) dans T(V). On vérifie sans peine que les T(U), $\rho_{V,U}$ définissent un faisceau sur X(I), et que tout faisceau sur X(I) s'obtient de cette manière. Ainsi on a une équivalence entre la catégorie des I-systèmes projectifs et la catégorie des faisceaux sur X(I). Par cette équivalence $\varprojlim$ correspond au foncteur $\Gamma(X(I),-)$ des sections globales. De plus, il se trouve que les $\varprojlim^{(n)}$ correspondent aux groupes de cohomologie $H^n(X(I),-)$ (qui ici coincident avec les groupes de Čech $\check{H}_n(X(I),-)$.)

Tenant compte de cette interprétation nous appelons pour un sous-ensemble quelconque J de I les éléments de $\varprojlim_J$ les sections au-dessus de J.

Pour plusieurs buts il est commode d'avoir à sa disposition d'autres résolutions (en dehors des résolutions injectives) d'un système projectif, qui permettent de calculer $\varprojlim^{(n)}$.

Par analogie avec une notion de la théorie des faisceaux, un I-système projectif $\{A_\alpha, f_{\alpha\beta}\}$ est appelé flasque, si l'application canonique $\varprojlim_I A_\alpha \to \varprojlim_J A_\alpha$ est surjective pour tout $J \subseteq I$, qui est ouvert pour la topologie introduite plus haut, autrement dit, si toute section au-dessus d'une partie ouverte est restriction d'une section globale.

<u>Proposition 1.1.</u> Tout I-système projectif $\{A_\alpha, f_{\alpha\beta}\}$ peut être plongé dans un I-système projectif flasque.

<u>Démonstration.</u> Les modules $B_\alpha = \prod_{\alpha_0 \leq \alpha} A_{\alpha_0}$ forment avec les projections évidentes un I-système projectif, qui est flasque. De plus, les homomorphismes $g_\alpha\colon A_\alpha \to B_\alpha$, $g_\alpha(a_\alpha) = \{f_{\alpha_0\alpha} a_\alpha\}$, $\alpha_0 \leq \alpha$, définissent un plongement de $\{A_\alpha, f_{\alpha\beta}\}$ dans le système projectif formé par les B_α.

<u>Corollaire 1.2.</u> Tout I-système projectif $\{A_\alpha, f_{\alpha\beta}\}$, qui est un objet injectif dans la catégorie des I-systèmes projectifs, est flasque.

<u>Démonstration.</u> En vertu de la proposition 1.1 $\{A_\alpha, f_{\alpha\beta}\}$ est un sous-système d'un système flasque. Puisque $\{A_\alpha, f_{\alpha\beta}\}$ est un objet injectif, il est facteur direct d'un système flasque et par conséquent, il est lui-même flasque.

Bien qu'il ne soit nécessaire pour les résultats de ce paragraphe, il sera commode, en vue de certaines applications au §3, de considérer une notion un peu plus faible que celle de la flasquitude.

D'abord un lemme

<u>Lemme 1.3.</u> Pour un système I-projectif $\{A_\alpha, f_{\alpha\beta}\}$ les conditions suivantes sont équivalentes:

(i) Pour tout sous-ensemble f.à.d. J de I l'application canonique $\varprojlim_I A_\alpha \to \varprojlim_J A_\alpha$ est surjective.

(ii) Pour tout sous-ensemble f.à.d. ouvert U de I l'application canonique $\varprojlim_I A_\alpha \to \varprojlim_U A_\alpha$ est surjective.

<u>Démonstration.</u> L'implication (i) ⇒ (ii) est évidente. D'autre part le sous-ensemble f.à.d. J est contenu dans un ouvert minimal U. U se compose de tous les prédécesseurs d'éléments de J. Donc U est f.à.d. et toute section au-dessus de J provient d'une section au-dessus de U, d'ou l'implication (ii) ⇒ (i).

<u>Définition.</u> On dit qu'un I-système projectif est faiblement flasque si les conditions équivalentes du lemme 1.3 sont vérifiées.

Manifestement un système flasque est faiblement flasque tandis qu'il est facile à voir que le réciproque n'est pas vraie en général.

Démontrons un lemme, dont nous aurons besoin ici et encore au §3.

<u>Lemme 1.4.</u> [32, p.238] Soit I un ensemble ordonné f.à.d. de puissance $\varkappa$, (cardinal infini). Alors I est réunion d'une famille bien ordonnée $\{I_\mu\}$, $\mu \in \Omega$, Ω un ordinal, de parties f.à.d. de puissance strictement plus petite que $\varkappa$ telle que pour tout ν limite, I_ν soit la réunion des I_μ, $\mu \subset \nu$.

<u>Démonstration.</u> I étant f.à.d. il existe une fonction $f(\alpha,\beta)$ $\alpha,\beta \in I$ à valeurs dans I telle que $f(\alpha,\beta) \geq \alpha$, $f(\alpha,\beta) \geq \beta$ et

$f(\alpha,\alpha) = \alpha$ pour tout $(\alpha,\beta) \in I \times I$. Soit M une partie (infinie) quelconque de I. Définissons $M^{(1)} =$
$\{f(\alpha,\beta) | \alpha \in M, \beta \in M\}$ et puis successivement $M^{(n)} =$
$\{f(\alpha,\beta) | \alpha \in M^{(n-1)}, \beta \in M\}$. Posons $\widetilde{M} = \bigcup_{n=1}^{\infty} M^{(n)}$. Alors $\widetilde{M} \supsetneq M$, et $\widetilde{M}$ est une partie f.à.d. de la même puissance que M.

I peut être représenté (sans égard pour l'ordre donné) comme l'ensemble d'ordinaux $< \varkappa$. Si Ω est le plus petit ordinal de puissance $\varkappa$ et E_μ l'ensemble des ordinaux $< \mu$, alors I est la famille bien ordonnée des parties E_μ, $\mu \in \Omega$, et l'on voit facilement que les parties $I_\mu = E_\mu$ satisfont aux condition du lemme 1.4.

Le lemme suivant est une conséquence immédiate de la définition d'un système faiblement flasque.

Lemme 1.5. Si un I-système projectif est faiblement flasque, il en est de même de la restriction à tout sous-ensemble f.à.d. de I.

Proposition 1.6. Soit

$$0 \to \{A_\alpha, f_{\alpha\beta}\} \xrightarrow[\{u_\alpha\}]{} \{B_\alpha, g_{\alpha\beta}\} \xrightarrow[\{v_\alpha\}]{} \{C_\alpha, h_{\alpha\beta}\} \to 0$$

une suite exacte de I-système projectifs. Si $\{A_\alpha, f_{\alpha\beta}\}$ est faiblement flasque, alors la suite

$$0 \to \varprojlim A_\alpha \xrightarrow[\varprojlim u_\alpha]{} \varprojlim B_\alpha \xrightarrow[\varprojlim v_\alpha]{} \varprojlim C_\alpha \to 0$$

est exacte.

Démonstration. lim est un foncteur exact à gauche, donc il suffit de montrer que $\varprojlim v_\alpha$ est surjectif.

Prouvons ceci par récurrence sur le cardinal de I. Si I est fini, l'assertion est triviale. Supposons alors I de puissance (infinie) $\varkappa$, et supposons l'assertion déjà démontrée pour tout ensemble d'indices (ordonné et f.à.d.) de puissance $< \varkappa$.

D'après le lemme 1.4 I peut s'écrire comme réunion d'une famille bien ordonné I_μ, $\mu \in \Omega$, Ω un ordinal, de parties f.à.d. de puissance $< \varkappa$ telle que pour tout ν limite I_ν soit la réunion des I_μ, $\mu < \nu$.

Soit s une section globale (c.-à.-d. au-dessus de I) de $\{C_\alpha, h_{\alpha\beta}\}$. En vertu du lemme 1.5 et de l'hypothèse de récurrence la restriction s_μ de s à I_μ provient d'une section t_μ de $\{B_\alpha\}$. Pour la démonstration de la surjectivité de $\varprojlim v_\alpha$ il suffit de prouver que l'on peut choisir les t_μ, $\mu \in \Omega$ d'une telle manière que t_ν soit la restriction de t_ν pour tout couple $\mu < \nu$, autrement dit tellement que les t_μ, $\mu \in \Omega$ forment une section de $\{B_\alpha, g_{\alpha\beta}\}$ au-dessus de I.

Par récurrence transfinie on suppose, pour $\nu \in \Omega$, trouvé des sections t_μ de $\{B_\alpha\}$ au-dessus de I_μ, $\mu < \nu$ telles que t_λ soit la restriction de t_μ pour $\lambda < \mu$. Nous allons démontrer que l'on peut trouver une section t_ν qui se restreint à t_μ pour $\mu < \nu$.

Si ν est un ordinal limite, ceci est clair parce que $I_\nu = \bigcup_{\mu<\nu} I_\mu$.

Si ν n'est pas un ordinal limite, on peut écrire $\nu = \mu+1$. Comme plus haut $s_{\mu+1}$ provient d'une section $t'_{\mu+1}$ au-dessus de $I_{\mu+1}$, dont la restriction t'_μ à I_μ induit dans $\{C_\alpha\}$ la même section que t_μ. Par suite, $t_\mu - t'_\mu$ provient d'une section r_μ au-dessus de I_μ du système $\{A_\alpha, f_{\alpha\beta}\}$. Celui-ci est faiblement flasque, donc r_μ provient d'une section $r_{\mu+1}$ au-dessus de $I_{\mu+1}$. Si $t''_{\mu+1}$ est la section de $\{B_\alpha\}$ induite par $r_{\mu+1}$, alors $t_{\mu+1} = t'_{\mu+1} + t''_{\mu+1}$ induit la section $s_{\mu+1}$ dans $\{C_\alpha\}$ et la restriction à I_μ est $t'_\mu+(t_\mu-t'_\mu) = t_\mu$. Donc $t_{\mu+1}$ satisfait aux conditions imposées, ce qui achève la démonstration.

Corollaire 1.7. Soit

$$0 \to \{A_\alpha,f_{\alpha\beta}\} \underset{\{u_\alpha\}}{\to} \{B_\alpha,g_{\alpha\beta}\} \underset{\{v_\alpha\}}{\to} \{C_\alpha,h_{\alpha\beta}\} \to 0$$

une suite exacte de I-systèmes projectifs. Si $\{A_\alpha,f_{\alpha\beta}\}$ et $\{B_\alpha,g_{\alpha\beta}\}$ sont faiblement flasques, il en est de même de $\{C_\alpha,h_{\alpha\beta}\}$.

Démonstration. Soit U un sous-ensemble f.à.d. de I et s une section au-dessus de U dans $\{C_\alpha,h_{\alpha\beta}\}$. En vertu de la proposition 1.6 appliquée à U, s provient d'une section t au-dessus de U dans $\{B_\alpha,g_{\alpha\beta}\}$. Puisque $\{B_\alpha,g_{\alpha\beta}\}$ est faiblement flasque, t peut être prolongé à une section globale, qui induit dans $\{C_\alpha,h_{\alpha\beta}\}$ une section globale, dont la restriction à U coincide avec s.

Théorème 1.8. Si le I-système projectif $\{A_\alpha,f_{\alpha\beta}\}$ est faiblement flasque, alors $\varprojlim^{(n)} A_\alpha = 0$ pour tout $n > 0$.

Démonstration. Plongeons $\{A_\alpha,f_{\alpha\beta}\}$ dans un I-système projectif $\{Q_\alpha\}$*), qui est injectif dans la categorie des I-systèmes, tel que

$$0 \to \{A_\alpha\} \to \{Q_\alpha\} \underset{v_\alpha}{\to} \{C_\alpha\} \to 0 \tag{3}$$

est une suite exacte pour un I-système $\{C_\alpha\}$ convenable.

---

*) Par la suite nous omittons les applications, qui entrent dans les systèmes projectifs, lorsqu'aucune confusion n'est à craindre.

Par définition on a $\varprojlim^{(n)} Q_\alpha = 0$ pour tout $n > 0$.

En appliquant la suite exacte (2) pour les foncteurs $\varprojlim^{(n)}$ on obtient

$$\varprojlim Q_\alpha \xrightarrow[\varprojlim v_\alpha]{} \varprojlim C_\alpha \to \varprojlim^{(1)} A_\alpha \to \varprojlim^{(1)} Q_\alpha = 0$$

Selon la proposition 1.6 l'application $\varprojlim v_\alpha$ est surjective, donc $\varprojlim^{(1)} A_\alpha = 0$.

Prouvons l'assertion par récurrence sur n, et supposons demontré $\varprojlim^{(n-1)} X_\alpha = 0$ pour tout U-système faiblement flasque $\{X_\alpha\}$.

La suite exacte pour les $\varprojlim^{(n)}$, appliquée à (3), donne

$$\varprojlim^{(n)} A_\alpha \simeq \varprojlim^{(n-1)} C_\alpha \qquad (4)$$

En vertu des corollaires 1.2 et 1.7 $\{C_\alpha\}$ est faiblement flasque, donc par l'hypothèse de récurrence $\varprojlim^{(n-1)} C_\alpha = 0$, et (4) implique l'assertion voulue.

<u>Théorème 1.9.</u> Soient $\{A_\alpha\}$ un I-système projectif et

$$0 \to \{A_\alpha\} \to \{F_\alpha^0\} \to \{F_\alpha^1\} \to \dots \to \{F_\alpha^n\} \to \dots \qquad (5)$$

une suite exacte de I-systèmes projectifs. Si $\{F_\alpha^n\}$ est faiblement flasque pour $n \geq 0$, alors

$$\varprojlim^{(n)} A_\alpha \simeq H^n(\varprojlim \underline{F}_\alpha),$$

où $\varprojlim \underline{F}_\alpha$ est le complexe (de modules) que l'on obtient en appliquant $\varprojlim$ à (5).

<u>Démonstration.</u> En prenant les noyaux et conoyaux, (5) se compose des suites exactes

$$0 \to \{A_\alpha^{n-1}\} \to \{F_\alpha^n\} \to \{A_\alpha^n\} \to 0 \qquad n = 0,1,2, \dots$$

où $\{A_\alpha^{-1}\} = \{A_\alpha\}$.

Puisque $\varprojlim$ est exacte à gauche il y a des suites exactes

$$0 \to \varprojlim A_\alpha^{n-1} \to \varprojlim F_\alpha^n \to \varprojlim A_\alpha^n \to H^{n+1}(\varprojlim F_\alpha) \to 0$$

La suite exacte pour les foncteurs $\varprojlim^{(n)}$ et le théorème 1.8 donnent encore une suite exacte

$$0 \to \varprojlim A_\alpha^{n-1} \to \varprojlim F_\alpha^n \to \varprojlim A_\alpha^n \to \varprojlim^{(1)} A_\alpha^{n-1} \to \varprojlim^{(1)} F_\alpha^n = 0$$

Ces deux suites exactes impliquent qu'il y a un isomorphisme $H^{n+1}(\varprojlim F_\alpha) \simeq \varprojlim^{(1)} A_\alpha^{n-1}$. Comme dans le théorème 1.8 on obtient par décalage successif (et en utilisant le théorème 1.8) des isomorphismes

$$\varprojlim^{(1)} A_\alpha^{n-1} \simeq \varprojlim^{(2)} A_\alpha^{n-2} \simeq \dots \simeq \varprojlim^{(n+1)} A_\alpha,$$

et par conséquent $H^{n+1}(\varprojlim F_\alpha) \simeq \varprojlim^{(n+1)} A_\alpha$, C.Q.F.D.

Remarque 1.10. Puisque la flasquitude (ou flasquitude faible) d'un système projectif est une propriété topologique, le théorème 1.9 entraîne que $\varprojlim^{(n)} A_\alpha$ en tant que groupe abélian ne dépend pas de l'anneau de base R, mais seulement des A_α, considérés comme des groupes abéliens.

§2. Résultats explicites pour un ensemble d'indices dénombrable

Dans ce paragraphe nous étudions en détail le cas, aù l'ensemble d'indices I est dénombrable. Comme I est toujours supposé f.à.d. il contient un sous-ensemble cofinal isomorphe à l'ensemble $\hat{N}$ des entiers avec l'ordre naturel, et nous pouvons sans restriction supposer que $I = \hat{N}$. En effet, il résulte plus général du théorème 1.9 que $\varprojlim_J^{(n)} A_\alpha \simeq \varprojlim_I^{(n)} A_\alpha$ pour tout I-système projectif $\{A_\alpha\}$ et tout sous-ensemble cofinal J de I.

Proposition 2.1. [42] Un système projectif $\{A_i, f_{ij}\}$ avec $\hat{N}$ comme l'ensemble d'indices est flasque si et seulement si $f_{i,i+1}$ est surjectif pour tout $i \in \hat{N}$.

Démonstration. Un sous-ensemble ouvert de $\hat{N}$ (pour la topologie introduite dans §1) a la forme $\{i | i \leq n\}$ pour un n convenable. Alors il est clair que l'application $\varprojlim_{i \in \hat{N}} A_i \to \varprojlim_{i \leq n} A_i = A_n$ est surjective si et seulement si $f_{j,j+1}$ est surjectif pour $j \geq n$. Ici n peut être un entier quelconque, d'où la proposition.

Bien entendu dans ce cas les notions "flasque" et "faiblement flasque" coincident.

Théorème 2.2 [42] Pour tout systeme projectif $\{A_i, f_{ij}\}$ avec $\hat{N}$ comme l'ensemble d'indices on a $\varprojlim^{(n)} A_i = 0$ pour $n \geq 2$.

Démonstration. D'après la proposition 1.1 il existe une suite exacte

$$0 \to \{A_i, f_{ij}\} \to \{B_i, g_{ij}\} \to \{C_i, h_{ij}\} \to 0$$

de systèmes projectifs, où $\{B_i, g_{ij}\}$ est flasque. Donc $g_{i,i+1}$ est surjectif pour tout i, ce qui par un "diagram chasing" facile entraîne qu'il en est de même de tout $h_{i,i+1}$. La proposition 2.1 implique que $\{C_i, h_{ij}\}$ est flasque. Alors il ne reste plus qu'appliquer le théorème 1.9.

<u>Remarque.</u> La proposition 2.1 entraîne un résultat un peu plus fort que le théorème 2.2 c'est que tout système projectif avec $\hat{N}$ comme l'ensemble d'indices a une résolution flasque de lonquer ≤ 1. On exprime ceci en disant que la dimension flasque de $\hat{N}$ avec l'ordre naturel est ≤ 1. (Voir aussi §3).

Toujours dans le cas $I = \hat{N}$ nous donnons une déscription explicite de $\varprojlim^{(1)} A_i$, qui est due à Eilenberg. Posons $f_i = f_{i,i+1}$ et considérons l'application

$$\prod_{i \in \hat{N}} A_i \underset{\delta_A}{\to} \prod_{i \in \hat{N}} A_i$$

définie par

$$\delta_A(a_1, a_2, \ldots, a_n, \ldots) = (a_1 - f_1 a_2, a_2 - f_2 a_3, \ldots, a_n - f_n a_{n+1}, \ldots)$$

Il est clair que $\mathrm{Ker}\ \delta_A \simeq \varprojlim A_i$, l'isomorphisme étant naturel. Nous affirmons que $\varprojlim^{(1)} A_i \simeq \mathrm{Coker}\ \delta_A$.

On vérifie sans peine que $\mathrm{Coker}\ \delta_A = 0$, si $\{A_i\}$ est flasque. (tous les f_i sont surjectifs).

Si

$$0 \to \{A_i\} \to \{B_i\} \to \{C_i\} \to 0$$

est une suite exacte, où $\{B_i\}$ est flasque, on a un diagramme commutatif

$$\begin{array}{ccccccccc} 0 & \to & \Pi A_i & \to & \Pi B_i & \to & \Pi C_i & \to & 0 \\ & & \downarrow \delta_A & & \downarrow \delta_B & & \downarrow \delta_C & & \\ 0 & \to & \Pi A_i & \to & \Pi B_i & \to & \Pi C_i & \to & 0 \end{array}$$

En utilisant le lemme du serpent on obtient une suite exacte.

$$0 \to \mathrm{Ker}\ \delta_A \to \mathrm{Ker}\ \delta_B \to \mathrm{Ker}\ \delta_C \to \mathrm{Coker}\ \delta_A \to \mathrm{Coker}\ \delta_B \to \mathrm{Coker}\ \delta_C \to 0$$

Puisque $\{B_i\}$ est flasque, Coker $\delta_B = 0$. Comme nous l'avons observé plus haut, on a encore un diagramme commutatif dont les flèches verticales sont des isomorphismes:

$$\begin{array}{ccccccccccc} 0 & \to & \operatorname{Ker} \delta_A & \to & \operatorname{Ker} \delta_B & \to & \operatorname{Ker} \delta_C & \to & \operatorname{Coker} \delta_A & \to & 0 \\ & & \downarrow & & \downarrow & & \downarrow & & \downarrow & & \\ 0 & \to & \varprojlim A_i & \to & \varprojlim B_i & \to & \varprojlim C_i & \to & \varprojlim^{(1)} A_i & \to & \varprojlim^{(1)} B_i = 0 \end{array}$$

Dans la dernière ligne nous avons utilisé encore une fois le fait que $\{B_i\}$ est flasque. Par un "diagram chasing" on en obtient un isomorphisme (naturel) entre Coker δ_A et $\varprojlim^{(1)} A_i$.

Remarque. Il n'existe aucune interpretation analogue de $\varprojlim^{(1)}$ (ou $\varprojlim^{(i)}$, $i > 1$) si l'ensemble d'indices n'est pas dénombrable. En effet, pour I non dénombrable, $\varprojlim^{(2)}$, en général, ne s'annule pas. (Voir §6).

Nous considérons maintenant un système projectif de groupes abéliens de type fini A_i, toujours avec $\hat{N}$ comme l'ensemble d'indices, et déterminons la structure de $\varprojlim^{(1)} A_i$. Essentiellement, les résultats des propositions 2.3-2.6 ne sont que des cas particuliers des théorèmes plus généraux qui seront prouvés aux §7, et §9, mais dans ce paragraphe nous ne nous servons que de méthodes, en principe très élémentaires. Les resultats 2.3-2.6 sont dus à Roos, mais les démonstrations suivantes sont, peut-être, un peu plus simples que les siennes.

Proposition 2.3. Pour tout système projectif $\{A_i, f_{ij}\}$, $i \in \hat{N}$ de groupes abéliens finis on a $\varprojlim^{(1)} A_i = 0$.

Démonstration. Tenant compte à l'interprétation de $\varprojlim^{(1)}$ ci-dessus il faut prouver que pour toute suite $a_1, a_2, \ldots, a_i, \ldots$, $a_i \in A_i$, il existe des éléments $b_i \in A_i$ tels que

$$a_1 = b_1 - f_{12} b_2$$
$$a_2 = b_2 - f_{23} b_3$$
$$\dots$$
$$a_i = b_i - f_{i,i+1} b_{i+1}$$
$$\dots$$

Pour tout b_n, n fixe, ces équations déterminent de facon unique les b_i, $1 \leq i \leq n-1$. Puisque les A_i sont finis, il n'y a qu'un nombre fini de possibilités pour tout b_i. Donc l'assertion est une conséquence du "Graphensatz" de König.

Proposition 2.4. Les groupes abéliens de la forme $\varprojlim^{(1)} A_i$, $i \in \mathbb{N}$, A_i libre de type fini sont les mêmes que ceux de la forme $\mathrm{Ext}^1_Z(M,Z)$, M étant un groupe abélien dénombrable sans torsion.

Démonstration. Comme il résulte de la démonstration de la proposition 1.1, il existe une suite exacte de systèmes projectifs

$$0 \to \{A_i\} \to \{B_i\} \to \{C_i\} \to 0 \qquad (B_i \simeq \bigoplus_{j \leq i} A_j)$$

où $\{B_i\}$ est flasque, chaque B_i libre de type fini, et l'application $A_i \to B_i$ est scindée pour tout i (bien sûr en général pas canoniquement), donc tout C_i est libre de type fini.

Écrivons $A^* = \mathrm{Hom}_Z(A,Z)$. Puisque tous les groupes qui entrent ici, sont libres de type fini, nous avons une suite exacte de systèmes inductifs:

$$0 \to \{C_i^*\} \to \{B_i^*\} \to \{A_i^*\} \to 0,$$

et donc, $\varinjlim$ étant un foncteur exact:

$$0 \to \varinjlim C_i^* \to \varinjlim B_i^* \to \varinjlim A_i^* \to 0,$$

ce qui entraîne la suite exacte

$$0 \to \mathrm{Hom}_Z(\varinjlim A_i^*, Z) \to \mathrm{Hom}_Z(\varinjlim B_i^*, Z) \to \mathrm{Hom}_Z(\varinjlim C_i^*, Z)$$
$$\to \mathrm{Ext}_Z^1(\varinjlim A_i^*, Z) \to \mathrm{Ext}_Z^1(\varinjlim B_i^*, Z).$$

Ici $\varinjlim B_i^* = \bigoplus_{i \in N} A_i^*$ est libre. Donc, en utilisant que le dual d'une limite inductive est la limite projective des duaux ainsi que A_i, B_i et C_i sont réflexifs, on obtient

$$0 \to \varprojlim A_i \to \varprojlim B_i \to \varprojlim C_i \to \mathrm{Ext}_Z^1(\varinjlim A_i^*, Z) \to 0.$$

En comparant cette suite exacte avec

$$0 \to \varprojlim A_i \to \varprojlim B_i \to \varprojlim C_i \to \varprojlim^{(1)} A_i \to 0$$

nous concluons que $\varprojlim^{(1)} A_i \simeq \mathrm{Ext}_Z^1(\varinjlim A_i^*, Z)$, où $\varinjlim A_i^*$ est une limite inductive dénombrable de groupes abéliens libres de type fini, donc dénombrable et sans torsion.

D'autre part tout groupe abélien dénombrable M sans torsion est réunion filtrante dénombrable de sous-groupes A_i libres de type fini. Alors la méthode de la démonstration plus haut nous donne que $\mathrm{Ext}_Z^1(M, Z) \simeq \varprojlim^{(1)} A_i^*$.

Théorème 2.5. Les groupes de la forme $\varprojlim^{(1)} A_i$, $i \in \mathbb{N}$, A_i abélien de type fini sont les mêmes que ceux de la forme $\mathrm{Ext}_Z^1(M, Z)$, M étant un groupe abélien dénombrable sans torsion.

Démonstration. Si $(A_i)_T$ désigne le sous-groupe de torsion de A_i, on a une suite exacte de systèmes projectifs

$$0 \to \{(A_i)_T\} \to \{A_i\} \to \{A_i/(A_i)_T\} \to 0$$

$\varprojlim^{(2)}$ s'annule lorsque l'ensemble d'indices est dénombrable, donc on en déduit la suite exacte

$$\varprojlim^{(1)} (A_i)_T \to \varprojlim^{(1)} A_i \xrightarrow[\varphi]{} \varprojlim^{(1)} A_i/(A_i)_T \to 0$$

La proposition 2.3 implique φ est un isomorphisme. Pour tout i $A_i/(A_i)_T$ est sans torsion et de type fini, donc libre, et il résulte de la proposition 2.4 que $\varprojlim^{(1)} A_i$ est de la forme $\mathrm{Ext}^1_Z(M,Z)$, M étant un groupe abélien dénombrable sans torsion.

L'assertion inverse du théorème 2.5 n'est qu'un cas particulier de la proposition 2.4.

Théorème 2.6. Les groupes abéliens décrits dans le théorème 2.5 (et la proposition 2.4) sont divisibles; en particulier ils ne peuvent être de type fini que s'ils sont nuls.

Démonstration. Soit $\{A_i\}$, $i \in \hat{N}$ un système projectif de groupes abéliens de type fini. D'après la proposition 2.5 on peut supposer que A_i est libre pour tout i. Si x est un entier $\neq 0$, on a une suite exacte de systèmes projectifs

$$0 \to \{A_i\} \xrightarrow{\cdot x} \{A_i\} \to \{A_i/x\, A_i\} \to 0,$$

qui donne lieu à la suite exacte

$$\varprojlim^{(1)} A_i \xrightarrow{\cdot x} \varprojlim^{(1)} A_i \to \varprojlim^{(1)} (A_i/x\, A_i) = 0$$

où le dernier terme est zéro, puisque $A_i/x\, A_i$ est fini (Proposition 2.3). Donc la multiplication par x est une application surjective pour $\varprojlim^{(1)} A_i$, ce qui signifie celui-ci est divisible.

C.Q.F.D.

En vertu de résultats classiques tout groupe abélien divisible est somme directe de sous-groupes divisible et indécomposables, $\hat{Q}$ et $Z(p\infty)$. (Rappelons que $Z(p\infty)$ est $P/\hat{Z}$, où P est le groupe des nombres rationels, dont le dénominateur est une puissance du nombre premier p). Pour les groupes décrits dans le théorème 2.5 nous posons

$$\mathrm{Ext}^1_Z(M,Z) = Q^{(n_o)} \oplus \sum_p \oplus \, (Z(p^\infty))^{(n_p)} \qquad (1)$$

où $Q^{(n_o)}$ désigne la somme directe de n_o exemplaires de Q et de même pour $Z(p^\infty)^{(n_p)}$.

Nous allons déterminer les cardinaux n_o et n_p qui interviennent ici.

Théorème 2.7. Soit G un groupe abélien du type décrit dans le théorème 2.5, c.-à.-d. de la forme Ext(M,Z), M dénombrable et sans torsion. Si G n'est pas zéro, alors on a

(i) $n_o = 2^{\aleph_o}$ (le cardinal du continu),

(ii) n_p est fini (éventuellement nul) ou $= 2^{\aleph_o}$.

Réciproquement, pour toute suite n_o, n_p de cardinaux, qui satisfont à (i) et (ii) il existe un groupe abélien M, dénombrable et sans torsion avec la décomposition (1).

Démonstration. Prouvons d'abord l'assertion concernant n_o. De la définition de Ext(M,Z) on voit immédiatement que la puissance de Ext(M,Z) est $\leq 2^{\aleph_o}$, donc $n_o \leq 2^{\aleph_o}$ (et de même $n_p \leq 2^{\aleph_o}$). Soit $\{a_j\}$ un ensemble (dénombrable ou fini) d'éléments dans M linéairement indépendants sur Z, et soit M_i le sous-groupe du rang fini formé par les éléments de M linéairement dépendants de $\{a_j\}$, $j \leq i$. Alors M est une réunion croissante

$$M = \bigcup M_i, \quad M_i \subseteq M_{i+1}$$

M_i est de rang fini, M_{i+1}/M_i est sans torsion, G est $\neq 0$, donc il existe au moins un M_i non libre; sinon tous les M_i seraient libres de type fini, M_{i+1}/M_i seraient sans torsion et de type fini, c.-à.-d. libres de type fini, donc on aurait

$$M \simeq M_1 \oplus M_2/M_1 \oplus M_3/M_2 \oplus \dots$$

et M serait libre, ce qui contredit $G \neq 0$. Donc il existe un sous-groupe K non libre de rang fini. K ne peut pas être de type fini.

Il est facile de voir que n_o est la dimension (sur $\hat{Q}$) de l'espace vectoriel $Q \otimes_Z G$. Puisque le sous-groupe $K \subseteq M$ donne lieu à un épimorphisme

$$Ext(M,Z) \to Ext(K,Z) \to 0$$

et le foncteur $\hat{Q} \otimes -$ est exact à droite, il suffit de prouver que Q intervient $2^{\aleph_0}$ fois dans la décomposition de Ext(K,Z).

Si K est de rang n il existe une suite exacte

$$0 \to Z^n \to K \to C \to 0\,, \qquad (2)$$

où C est un groupe de torsion. De (2) nous obtenons encore une suite exacte

$$Z^n = Hom(Z^n,Z) \to Ext(C,Z) \to Ext(K,Z) \to Ext(Z^n,Z) = 0.$$

Nous en concluons qu'il suffit de démontrer que la dimension (sur $\hat{Q}$) de l'espace vectoriel $Q \otimes_Z Ext(C,Z)$ est égale à $2^{\aleph_0}$.

Puisque K est de rang n, K est un sous-groupe de Q^n, donc C est un sous-groupe de $(\hat{Q}/\hat{Z})^n \simeq \bigoplus_p (\hat{Z}(p^\infty))^n$, où p parcourt les nombres premiers. Pour tout p le composant p-primaire C_p de C est un sous-groupe de $Z(p^\infty)^n$ et donc un groupe artinien. Il s'ensuit que la suite décroissante $C_p \supseteq pC_p \supseteq p^2C_p \supseteq \dots$ est stationnaire, disons $p^rC_p = p^{r+1}C_p$. Alors $D_p = p^rC_p$ est divisible et $C_p \simeq D_p \oplus F_p$, où $F_p \simeq C_p/p^rC_p$ est un groupe fini.

Il faut maintenant considérer deux cas:

I) Il existe un p tel que $D_p \neq 0$

II) $D_p = 0$ pour tout p.

Dans le cas I) $D_p \supseteq Z(p^\infty)$, et il suffit de prouver que la dimension (sur $\hat{Q}$) de $Ext(Z(p\infty),Z)$ est $2^{\aleph_0}$. Mais en appliquant la suite exacte des foncteurs Hom et Ext à

$$0 \to \hat{Z} \to \hat{Q} \to \hat{Q}/\hat{Z} \to 0$$

on obtient $Ext(\hat{Z}(p\infty),\hat{Z}) \simeq Hom(Z(p\infty),\hat{Q}/\hat{Z}) \simeq Hom(Z(p\infty),Z(p\infty))$. Ce dernier est isomorphe au groupe additif des nombres p-adiques. Ceci achève la démonstration dans le cas I).

Dans le cas II) $F_p \neq 0$ pour un ensemble infini de nombres premiers p, puisque, sinon C et donc K serait de type fini. Par conséquent il existe une suite infinie $p_1,\dots,p_i,\dots$ de nombres premiers tels que $S = \bigoplus_{p_i} Z/Zp_i \subseteq C$. Ext étant exact à droite il suffit de démontrer que la dimension (sur $\hat{Q}$) de l'espace vectoriel $\hat{Q} \otimes Ext(S,\hat{Z})$ est $2^{\aleph_0}$. Mais $Ext(S,\hat{Z}) \simeq \prod_{p_i} \hat{Z}/\hat{Z}p_i$ est un groupe de puissance $2^{\aleph_0}$, dont le sous-groupe de torsion est dénombrable.

Revenons maintenant à l'assertion concernant n_p. D'abord nous observons que n_p est égal à la dimension (sur $\hat{Z}/\hat{Z}p$) de l'espace vectoriel $Hom(Z/Zp, Ext(M,Z))$.

Comme cela est démontré dans [10] p. 116 il y a un isomorphisme (non-naturel)

$$\begin{aligned} &Ext(Z/Zp, Hom(M,Z)) \oplus Hom(Z/Zp, Ext(M,Z)) \simeq \\ &Ext((Z/Zp) \otimes M,Z) \oplus Hom(Tor(Z/Zp,M),Z)\,. \end{aligned} \tag{3}$$

D'après un résultat de Nunke-Rotman [37] tout groupe dénombrable M peut s'écrire sous la forme $M = L \oplus M'$ où L est libre et $Hom(M',Z) = 0$. Puisque $Ext(M,Z) \simeq Ext(M',Z)$ nous pouvons supposer que $Hom(M,Z) = 0$. De plus, comme M est sans torsion, on a $Tor(-,M) = 0$ et (3) dégénère en l'isomorphisme

$$Hom(Z/Zp, Ext(M,Z)) \simeq Ext((Z/Zp) \otimes M,Z) \tag{4}$$

$(Z/Zp) \otimes M$ est un espace vectoriel sur Z/Zp, donc de la forme $\sum_I \oplus (Z/Zp)$, où l'ensemble d'indices est fini ou dénombrable. Il s'ensuit que

$$\mathrm{Ext}((Z/Zp) \otimes M, Z) \simeq \prod_I (Z/Zp).$$

Si I est fini, alors n_p est fini; si I est dénombrable alors $n_p = 2^{\aleph_0}$. Ceci termine la démonstration de la première partie du théorème 2.7.

Finalement, considérons une suite de puissances $n_0 = 2^{\aleph_0}$, n_p, p parcourant les nombres premiers, qui satisfont à ii). Nous allons démontrer qu'une telle suite en effet intervient pour un M convenable. Commençons par le cas $n_0 = 2^{\aleph_0}$, $n_p = 0$ pour tout p. Puisque $\mathbb{Q}$ est divisible, $\mathrm{Ext}(\mathbb{Q},\mathbb{Z})$ est sans torsion, donc en vertu de la démonstration plus haut il s'ensuit que $\mathrm{Ext}(\mathbb{Q},\mathbb{Z}) \simeq \mathbb{Q}^{(N_0)}$, où $n_0 = 2^{\aleph_0}$.

Dans le cas général, soit P_k, k un entier, l'ensemble de nombres premiers tels que $k \leq n_{p_k} < \aleph_0$ et soit P' l'ensemble de nombres premiers tels que $n_{p'} = 2^{\aleph_0}$.

Posons M_k le sous-groupe (additif) de $\mathbb{Q}$, qui se compose des nombres rationels, dont les dénominateurs ne sont divisibles par aucun p_k, et M' le groupe de nombres rationels dont les dénominateurs ne sont divisible par aucun p'. En utilisant l'isomorphisme (4) on voit aisément que $M = (M')^{(\aleph_0)} \oplus \sum_{k=1}^{\infty} \oplus M_k$ est un groupe dénombrable sans torsion tel que $\mathrm{Ext}(M,Z)$ ait les n_p prescrits. Donc le théorème 2.7 est complètement démontré.

En utilisant la théorie classique de dualité pour les groupes abéliens il s'ensuit que les groupes décrits dans le théorème 2.7 sont exactement les groupes divisibles et compacts (ou ce qui y équivaut les groupes connexes et compacts), voir

Hulanicki [18]. Donc:

<u>Corollaire 2.8.</u> Soit G un groupe abélien de puissance $\leq 2^{\aleph_0}$. Les conditions suivantes sont équivalentes:

1) G est du type décrit dans le théorème 2.5, c.-à.-d. de la forme Ext(M,Z), M dénombrable et sans torsion.

2) Pour une topologie convenable G est (en tant que groupe topologique) compact et connexe.

<u>Remarque 1.</u> Le corollaire répond partiellement à une question de J.-E. Roos, c'est que de savoir si Ext(M,Z), M sans torsion, permet une topologie, pour lequel il est compact. Voir aussi §7.

<u>Remarque 2.</u> Le théorème 2.7 donne en particulier le résultat suivant (cf. Nunke [36]):

Un groupe dénombrable et sans torsion M est libre si (et seulement si) Ext(M,Z) est au plus dénombrable.

<u>Remarque 3.</u> Si R est un anneau principal dénombrable (ou plus général un anneau de Dedekind dénombrable) les résultats du théorème 2.7 s'étendent aux modules de type dénombrable. Cependant, il existe un anneau principal local (non-dénombrable) c.-à.-d. un anneau de valuation discrète R, un R-module sans torsion de type dénombrable M tel que $\mathrm{Ext}_R^1(M,R)$ soit de type dénombrable et $\neq 0$. Un tel anneau est obtenu à l'aide d'un exemple dans [9] p. 74. Soient K le corps de fractions rationelles $Z_2(X_n)$, $n \in \hat{N}$ (Z_2 = le corps premier de 2 éléments), S l'anneau de séries formelles K[[Y]], L = K((Y)) le corps des fractions de S et F le sous-corps de L engendré par L^2, Y et les X_n, $n \in N$. Soit F' un sous-corps maximal de L contenant F et ne contenant pas l'élément $c = \sum_{n=0}^{\infty} X_n Y^n$. L'anneau $R = S \cap F'$ est un anneau de valuation discrète, dont F' est le corps des fractions. Si

$\mathfrak{m} = Rm$ est l'idéal maximal de R, le complété $\mathfrak{m}$-adique de R s'identifie à S. L est une extension quadratique de F', donc L est un R-module de type dénombrable. Les idéaux de R sont trivialement de type dénombrable, donc [20] p.98 $S \subset L$ est un R-module de type dénombrable. Puisque S est le complété de R, S a la forme $\varprojlim(R/Rm^n)$ et par les méthodes développées plus haut on en conclut que $Ext_R^1(F',R) = S/R \neq 0$. Ici F' est un R-module sans torsion et de type dénombrable et S/R est un R-module de type dénombrable.

Dans une publication ultérieure nous considérons dans les détails des analogues du théorème 2.7 et du corollaire 2.8 pour un anneau de Dedekind R quelconque. Ici nous n'en signalons que le résultat suivant.

Soient R un anneau de Dedekind et Q son corps des fractions. Evidemment on a $Ext_R^1(Q,R) = Q^{(n)}$ pour un cardinal n (fini ou infini) convenable. Alors, lorsque R parcourt les anneaux de Dedekind, les n qui interviennent, sont:

1) tout cardinal infini,

2) parmi les cardinaux finis exactement les nombres de la forme $p^t - 1$, p étant un nombre premier.

§3. Sur la dimension cohomologique d'un ensemble de puissance $\aleph_k$

Dans le paragraphe précédent nous avons vu pour $I = \mathbb{N}$ (ou pour tout I f.à.d. dénombrable) que $\varprojlim^{(p)} A_i = 0$ pour tout système projectif A_i de groupes abéliens et tout $p \geq 2$. On exprime ceci en disant que $\mathbb{N}$ a la dimension cohomologique ≤ 1. Aussi nous avons démontré que la dimension flasque de $\mathbb{N}$ est ≤ 1. (Voir la remarque après le théorème 2.2).

Pour un ensemble ordonné f.à.d. de puissance $\aleph_k$ nous allons prouver le résultat suivant, dû à Goblot [16] (en des cas particuliers Jensen [23], voir aussi Mitchell [34]). La modification suivante de la démonstration nous semble un peu plus immédiate que celle dans [16].

Théorème 3.1. Soit I un ensemble ordonné f.à.d. de puissance $\leq \aleph_k$. Alors pour tout I-système projectif $\{A_\alpha, f_{\alpha\beta}\}$ on a $\varprojlim^{(i)} A_\alpha = 0$ pour $i \geq k+2$. Autrement dit, I est de dimension cohomologique $\leq k+1$.

Démonstration. Prouvons l'assertion par récurrence sur k. Pour k=0 c'est le théorème 2.2. Supposons le résultat vrai pour les $\aleph_h$, $h < k$.

Soient $\{A_\alpha\}$ un I-système projectif et

$$0 \to \{A_\alpha\} \to \{F_\alpha^0\} \to \{F_\alpha^1\} \to \dots \to \{F_\alpha^p\} \to \tag{1}$$

une résolution (faiblement) flasque de $\{A_\alpha\}$.

(1) est composé par des suites exactes de la forme:

$$\begin{aligned} 0 \to \{A_\alpha\} \to \{F_\alpha^0\} \to \{X_\alpha^1\} \to 0 \\ 0 \to \{X_\alpha^1\} \to \{F_\alpha^1\} \to \{X_\alpha^2\} \to 0 \\ 0 \to \{X_\alpha^p\} \to \{F_\alpha^p\} \to \{X_\alpha^{p+1}\} \to 0 \end{aligned} \tag{2}$$

Par décalage il s'ensuit que $\varprojlim^{(i)} A_\alpha \simeq \varprojlim^{(1)} X_\alpha^{i-1}$. Donc pour prouver que $\varprojlim^{(i)} A_\alpha = 0$ pour $i \geq k+2$ il suffit de prouver que l'application

$$\varprojlim_{I} F_\alpha^{i-1} \to \varprojlim_{I} X_\alpha^i \tag{3}$$

est surjective pour $i \geq k+2$.

Utilisons maintenant le lemme 1.4 et écrivons I comme réunion d'une famille bien ordonnée $I = \bigcup_{\mu \in \Omega} I_\mu$, $\mu \in \Omega$, Ω un ordinal, I_μ f.à.d. de puissance $\leq \aleph_{k-1}$. Si l'on restreint l'ensemble d'indices I à I_μ (μ fixe) les restrictions correspondantes définissent des I_μ-systèmes projectifs, et d'après le lemme 1.5 (1) devient une résolution faiblement flasque de $\{A_\alpha\}$, $\alpha \in I_\mu$. De même les suites (2) deviennent des suites exactes de I_μ-systèmes projectifs. D'après l'hypothèse de récurrence $\varprojlim^{(i)} A_\alpha = 0$ pour $i \geq k+1$, si l'on considère $\{A_\alpha\}$ comme un I_μ-système projectif. En vertu de la proposition 1.6 on voit par décalage, comme plus haut, que

$$\varprojlim_{I_\mu} F_\alpha^{i-1} \to \varprojlim_{I_\mu} X_\alpha^i \tag{4}$$

est surjective pour $i \geq k+1$.

Pour démontrer la surjectivité de (3) nous considérons une section globale (c.-à.-d. au dessus de I) s de $\{X_\alpha^i\}$. En vertu de surjectivité de (4) pour $i \geq k+2$ la restriction s_μ de s à I_μ provient d'une section t_μ de $\{F_\alpha^{i-1}\}$ au-dessus de I_μ. Pour démontrer que (3) est surjectif (pour $i \geq k+2$) il suffit de prouver que l'on peut choisir les t_μ, $\mu \in \Omega$ d'une telle facon que t_μ soit la restriction de t_ν pour tout couple $\mu < \nu$. (C.-à.-d. les t_μ, $\mu \in \Omega$ forment une section de $\{F_\alpha^{i-1}\}$ au-dessus de I).

Par récurrence transfinie on suppose, pour ν dans Ω, trouvé des sections t_μ de $\{F_\alpha^{i-1}\}$ au-dessus de I_μ, $\mu < \nu$ telles que, pour

$\lambda < \mu$, t_λ soit la restriction de t_μ. Nous allons montrer que l'on peut trouver une section t_ν (au-dessus de I_ν) qui se restreint à t_μ pour tout $\mu < \nu$.

Si ν est un ordinal limite, les t_μ, $\mu < \nu$ forment une section au-dessus de I_ν avec les propriétés desirées, puisque $I_\nu = \bigcup_{\mu<\nu} I_\mu$.

Si ν n'est pas un limite ordinal, il est de la forme $\nu = \mu+1$. Comme remarqué plus haut, $s_{\mu+1}$ provient d'une section $t_{\mu+1}$ de $\{F_\alpha^{i-1}\}$ au-dessus de $I_{\mu+1}$, dont la restriction t'_μ à I_μ induit dans $\{X_\alpha^i\}$ la même section que t_μ. Donc, en vertu de la suite exacte

$$0 \to \{X_\alpha^{i-1}\} \to \{F_\alpha^{i-1}\} \to \{X_\alpha^i\} \to 0$$

et l'exactitude à gauche de $\varprojlim$, $t_\mu - t'_\mu$ provient d'une section v_μ de $\{X_\alpha^{i-1}\}$. D'après l'hypothèse de récurrence l'application

$$\varprojlim_{I_\mu} F_\alpha^{i-2} \to \varprojlim_{I_\mu} X_\alpha^{i-1} \qquad (i \geq k+2)$$

est surjective, c.-à.-d. v_μ provient d'une section u_μ de $\{F_\alpha^{i-2}\}$. Ce dernier système est faiblement flasque, donc u_μ est la restriction d'une section $u_{\mu+1}$ au-dessus de $I_{\mu+1}$. $u_{\mu+1}$ induit dans X_α^{i-1} une section $v_{\mu+1}$, dont la restriction à I_μ est v_μ. Soit $t''_{\mu+1}$ la section de $\{F_\alpha^{i-1}\}$ induite par $v_{\mu+1}$, alors il s'ensuit que $t_{\mu+1} - t_{\mu+1}$ est une section de $\{F_\alpha^{i-1}\}$ qui induit $s_{\mu+1}$ dans $\{X_\alpha^i\}$ et se restreint à $t'_\mu + (t_\mu - t'_\mu) = t_\mu$ au-dessus de I_μ. Ceci termine la démonstration du théorème 3.1.

Comme nous avons remarqué au début du §2 $\varprojlim_J^{(n)} A_\alpha \simeq \varprojlim_I^{(n)} A_\alpha$ (pour tout n), lorsque J est un sous-ensemble cofinal de I. Par conséquent, nous obtenons

<u>Corollaire 3.2.</u> Soit I un ensemble ordonné f.à.d. qui a un sous-ensemble cofinal de puissance $\leq \aleph_k$. Alors pour tout I-système projectif $\{A_\alpha, f_{\alpha\beta}\}$ on a $\varprojlim^{(i)} A_\alpha = 0$, si $i \geq k+2$.

<u>Remarque 1.</u> Si l'on convient de dire qu'un ensemble fini est de puissance $\aleph_{-1}$, le corollaire 3.2 est trivialement vrai même pour $k = -1$.

<u>Remarque 2.</u> Nous verrons plus tard (au §6) que le théorème 3.1 (et d'autant plus le corrolaire 3.2) est, en général le meilleur possible; il existe pour tout k un ensemble ordonné f.à.d. de puissance $\aleph_k$ et un I-système projectif $\{A_\alpha\}$ tel que $\varprojlim^{(k+1)} A_\alpha \neq 0$.

Introduisons encore une dimension pour un ensemble ordonné à l'aide des resolution flasques. Mais d'abord il est commode d'avoir à sa disposition des résultats auxilaires.

Soient I un ensemble ordonné f.à.d., U un ouvert de I, et $\{A_\alpha, f_{\alpha\beta}\}$ un I-système projectif. Soit $\varprojlim(U, A_\alpha)$ le sous-module de $\varprojlim A_\alpha$ formé par les sections qui s'annulent dans U. Avec la définition évidente de $\varprojlim(U, v_\alpha)$, où $\{v_\alpha\}$ est une application entre des I-systèmes projectifs, $\varprojlim(U,-)$ est un foncteur exact à gauche de la catégorie des I-systèmes projectifs dans la catégorie des modules. Les foncteurs dérivés à droite seront designés par $\varprojlim^{(n)}(U,-)$

<u>Proposition 3.3.</u> Soient $\{A_\alpha\}$ un I-système projectif et n un entier. Les conditions suivantes sont équivalentes:

(i) Il existe une suite exacte de I-systèmes projectifs

$$0 \to \{A_\alpha\} \to \{F_\alpha^o\} \to \dots \to \{F_\alpha^n\} \to 0$$

où $\{F_\alpha^o\}, \dots, \{F_\alpha^n\}$ sont flasques

(ii) $\varprojlim^{(i)}(U, A_\alpha) = 0$ pour tout ouvert U de I et tout $i > n$.

(iii) Si la suite

$$0 \to \{A_\alpha\} \to \{F^o_\alpha\} \to \dots \to \{F^{n-1}_\alpha\} \to \{X^n_\alpha\} \to 0$$

est exacte, où $\{F^o_\alpha\},\dots,\{F^{n-1}_\alpha\}$ sont flasques, alors $\{X^n_\alpha\}$ est flasque.

Démonstration. Par décalage il suffit de prouver l'assertion pour n=0. Nous allons démontrer que $\{A_\alpha\}$ est flasque si et seulement si $\varprojlim^i(U,A_\alpha) = 0$ pour tout ouvert U de I et tout $i > 0$.

Soit

$$0 \to \{A_\alpha\} \to \{Q_\alpha\} \xrightarrow[\{v_\alpha\}]{} \{C_\alpha\} \to \tag{5}$$

une suite exacte, où $\{Q_\alpha\}$ est injectif (dans la catégorie des I-systèmes projectifs). (5) donne lieu à une suite exacte pour les foncteurs dérivés

$$\begin{aligned} 0 \to \varprojlim(U,A_\alpha) \to \varprojlim(U,Q_\alpha) &\xrightarrow[\varprojlim(U,v_\alpha)]{} \varprojlim(U,C_\alpha) \to \\ \varprojlim^{(1)}(U,A_\alpha) &\to \varprojlim^{(1)}(U,Q_\alpha) = 0 \end{aligned} \tag{6}$$

Supposons d'abord que $\{A_\alpha\}$ est flasque. Soit t une section de $\{C_\alpha\}$, qui s'annule dans U. Puisque $\{A_\alpha\}$ est flasque, t provient d'une section globale s de $\{Q_\alpha\}$ (Proposition 1.6). La restriction s' de s à U induit dans $\{C_\alpha\}$ la section 0 au-dessus de U, donc s' provient d'une section r' de $\{A_\alpha\}$ au-dessus de U. Vu la flasquitude de $\{A_\alpha\}$ r' est la restriction d'une section globale r de $\{A_\alpha\}$. Alors (s-r) est une section globale de $\{Q_\alpha\}$, qui s'annule dans U et induit t dans $\{C_\alpha\}$. Ceci montre que $\varprojlim(U,v_\alpha)$ est une application surjective, et (6) implique que $\varprojlim^{(1)}(U,A_\alpha) = 0$. En utilisant que $\{C_\alpha\}$ est flasque lorsque $\{A_\alpha\}$ est flasque on conclut par récurrence sur i que $\varprojlim^i(U,A_\alpha) = 0$

pour tout $i > 0$ (cf. la démonstration du théorème 1.8).

Réciproquement, supposons que $\varprojlim^{(i)}(U,A_\alpha) = 0$ pour tout ouvert U et tout $i > 0$ (ou seulement $i = 1$). Alors (6) montre que $\varprojlim(U,v_\alpha)$ est surjectif. Nous allons prouver que toute section r au-dessus de l'ouvert U est la restriction d'une section globale.

$\{Q_\alpha\}$ est injectif, en particulier, (Corollaire 1.2), flasque, donc r induit dans $\{Q_\alpha\}$ une section qui est restriction d'une section globale s. s induit dans $\{C_\alpha\}$ une section , qui s'annule dans U. Donc t est un élément de $\varprojlim(U,C_\alpha)$, et en vertu de la surjectivité de $\varprojlim(U,v_\alpha)$, t provient d'une section s_1 de $\{Q_\alpha\}$, qui s'annule dans U. $s-s_1$ induit la section 0 dans $\{C_\alpha\}$, et par conséquent $s-s_1$ provient d'une section globale de $\{A_\alpha\}$, dont la restriction à U est r.

C.Q.F.D.

On appelle <u>dimension flasque</u> de l'ensemble ordonné f.à.d. I, et l'on note dim.fl. I le plus petit entier n tel que les conditions équivalentes de la proposition 3.3 soient vérifiées.

La proposition 3.3 a un analogue, qui s'obtient en remplaçant "flasque" par "faiblement flasque" et "ouvert" par "ouvert f.à.d.", et par suite on obtient la <u>dimension faiblement flasque,</u> notée dim.f.fl.(I), comme le plus petit entier n tel que tout I-système projectif ait une résolution faiblement flasque de longueur $\leq n$.

À titre d'application du théorème 3.1 et du corollaire 3.2 nous prouvons le résultat suivant.

<u>Théorème</u> 3.4. Soit I un ensemble ordonné f.à.d., dont tout ouvert f.à.d. $U \subset I$ contient un sous-ensemble cofinal de puissance $\leq \aleph_{k-1}$, alors dim.f.fl.(I) $\leq k+1$.

Démonstration. Soient $\{A_\alpha\}$ un I-système projectif et

$$\begin{aligned} 0 \to \{A_\alpha\} \to \{F_\alpha^o\} \to \dots \to \{F_\alpha^{k-1}\} \to \{X_\alpha^k\} \to 0 \\ 0 \to \{X_\alpha^k\} \to \{F_\alpha^k\} \to X_\alpha^{k+1}\} \to 0 \end{aligned} \tag{7}$$

des suites exactes, où $\{F_\alpha^o\},\dots,\{F_\alpha^k\}$ sont faiblement flasques.

Pour un ouvert f.à.d. $U \subset I$ on obtient en considérant les restrictions à U (et utilisant le lemme 1.8) que

$$\varprojlim_U{}^{(1)} X_\alpha^k \simeq \varprojlim_U{}^{(k+1)} A_\alpha = 0$$

Ceci entraîne que l'application

$$\varprojlim_U F_\alpha^k \to \varprojlim_U X_\alpha^{k+1}$$

est surjective. Tenant compte du fait que $\{F_\alpha^k\}$ est flasque on en conclut que toute section de $\{X_\alpha^{k+1}\}$ au-dessus de U est restriction d'une section globale de $\{X_\alpha^{k+1}\}$. Ceci etant pour tout ouvert f.à.d. U on voit que $\{X_\alpha^{k+1}\}$ est faiblement flasque. Donc (7) donne lieu à une résolution faiblement flasque de longueur k+1.

C.Q.F.D.

Pour un ensemble totalement ordonné les notions "flasque" et "faiblement flasque" coincident, et l'on aura

Corollaire 3.5. Soit I un ensemble totalement ordonné, dont tout ouvert $U \subset I$ a un sous-ensemble cofinal de puissance $\leqq \aleph_{k-1}$, alors dim.fl.(I) $\leqq$ k+1.

Nous verrons plus tard (au §6) que le résultat du corollaire 3.5 est le meilleur possible.

§4. Les suites spectrales pour $\varprojlim^{(n)}$

Pour un système projectif $\{A_\alpha\}$ de R-modules A_α et un R-module M il est bien connu que l'on a un isomorphisme canonique

$$\mathrm{Hom}(M, \varprojlim A_\alpha) \simeq \varprojlim \mathrm{Hom}(M, A_\alpha) \qquad (1)$$

De même pour un système inductif de R-modules A_α et un R-module M on a un isomorphisme

$$\mathrm{Hom}(\varinjlim A_\alpha, M) \simeq \varprojlim \mathrm{Hom}(A_\alpha, M) \qquad (2)$$

Maintenant on peut se demander ce qu'il arrive si l'on remplace Hom par les foncteurs Ext^n pour $n > 0$. En général, les isomorphismes ne subsistent plus, mais, comme c'est souvent le cas, un isomorphisme en dimension 0 est pour dimension > 0 remplacé par une (ou deux) suite spectrale, et, en effet, il se trouve ici que (1) (resp. (2)) est remplacé par deux suites spectrales (resp. une suite spectrale).

Pour établir ces suites spectrales nous donnerons pour un I-système projectif $\{A_\alpha, f_{\alpha\beta}\}$ un complexe explicite qui permet de calculer $\varprojlim^{(n)} A_\alpha$. D'abord, donnons une résolution explicite flasque de systèmes projectifs du système $\{A_\alpha, f_{\alpha\beta}\}$.

Soit pour $n > 0$ $\{\Pi^n_\alpha, p^n_{\alpha\beta}\}$ le I-système projectif suivant. Π^n_α est le groupe abélien formé de toutes les fonctions $a^n_\alpha(\alpha_0, \alpha_1, \ldots, \alpha_n)$ à valeurs dans A_{α_0}, où $\alpha_0 \leqq \alpha_1 \leqq \ldots \leqq \alpha_n \leqq \alpha$; les applications $p^n_{\alpha\beta}$ sont les restrictions évidentes. Alors il est clair que $\{\Pi^n_\alpha, p^n_{\alpha\beta}\}$ est un I-système flasque.

Définissons des applications δ^n_α de Π^n_α dans Π^{n+1}_α en posant

$$(\delta^n_\alpha a^n_\alpha)(\alpha_0, \alpha_1, \ldots, \alpha_{n+1}) =$$
$$f_{\alpha_0\alpha_1} a^n_\alpha(\alpha_1, \ldots, \alpha_{n+1}) + \sum_{i=1}^{n+1} (-1)^i a^n_\alpha(\alpha_0, \ldots, \hat{\alpha}_i, \ldots, \alpha_{n+1})$$

où $\alpha_0 \lneq \dots \lneq \alpha_{n+1} \lneq \alpha$.

De plus il y a une application δ_α^{-1} de A_α vers Π_α^o définie par $(\delta_\alpha^{-1} a_\alpha)(\alpha_o) = f_{\alpha_o\alpha} a_\alpha$ pour $\alpha_o \lneq \alpha$. On verifie sans difficulté que $\delta_\alpha^{n+1}\delta_\alpha^n = 0$ pour tout n.

Aussi on voit que $p_{\alpha\beta}^{n+1}\delta_\beta^n = \delta_\alpha^n p_{\alpha\beta}^n$ pour tout couple $\alpha \lneq \beta$; donc la suite

$$0 \to \{A_\alpha\} \underset{\delta^{-1}}{\to} \{\Pi_\alpha^o\} \underset{\delta^o}{\to} \dots \underset{\delta^{n-1}}{\to} \{\Pi_\alpha^n\} \underset{\delta^n}{\to} \{\Pi_\alpha^{n+1}\} \to \dots \qquad (3)$$

est un complexe de I-systèmes projectifs.

Soit ε_α^n l'application de Π_α^n dans Π_α^{n-1} (nous posons $\Pi_\alpha^{-1} = A_\alpha$) définie par

$$[(\varepsilon_\alpha^n)a_\alpha^n](\alpha_o,\dots,\alpha_{n-1}) =$$

$$(-1)^n a_\alpha^n(\alpha_o,\dots,\alpha_{n-1},\alpha) \quad \text{pour } \alpha_o \lneq \dots \lneq \alpha_{n-1} \lneq \alpha.$$

Alors on vérifie directement que $\varepsilon_\alpha^{n+1}\delta_\alpha^n + \delta_\alpha^{n-1}\varepsilon_\alpha^n = 1_{\Pi_\alpha^n}$.

Ceci entraîne que (3) est une suite exacte, donc une résolution flasque du système projectif $\{A_\alpha, f_{\alpha\beta}\}$.

Observons que $\varprojlim_I \Pi_\alpha^n = \prod_{\alpha_o \lneq \dots \lneq \alpha_n} A_{\alpha_o\dots\alpha_n}$ $(A_{\alpha_o} = A_{\alpha_o\dots\alpha_n})$, c.-à.-d. le groupe de toutes les fonctions $a^n(\alpha_o,\dots\alpha_n)$ à valeurs dans A_o, où $\alpha_o \lneq \dots \lneq \alpha_n$. Donc en vertu du théorème 1.9 nous obtenons

<u>Théorème 4.1.</u> On peut calculer $\varprojlim^{(n)} A_\alpha$ pour un I-système projectif, $\{A_\alpha, f_{\alpha\beta}\}$ comme le $n^{\text{ième}}$ groupe de cohomologie du complexe

$$\underline{\Pi}(A_\alpha): \prod_{\alpha_o} A_{\alpha_o} \overset{\delta^o}{\to} \dots \to \prod_{\alpha_o \lneq \dots \lneq \alpha_n} A_{\alpha_o\dots\alpha_n} \overset{\delta^n}{\to}$$

$$\prod_{\alpha_o \lneq \dots \lneq \alpha_{n+1}} A_{\alpha_o\dots\alpha_{n+1}} \to \dots$$

où $\delta^n(a^n)(\alpha_0,\dots,\alpha_{n+1}) = f_{\alpha_0\alpha_1}a^n(\alpha_1,\dots,\alpha_{n+1}) +$

$$\sum_{i=1}^{n+1}(-1)^i a^n(\alpha_0,\dots,\hat{\alpha}_i,\dots,\alpha_{n+1})$$

pour un a^n dans $\Pi A_{\alpha_0\dots\alpha_n}$.

Considérons maintenant un système inductif $\{A_\alpha, f_{\beta\alpha}\}$ de R-modules et R-homomorphismes rélatif à l'ensemble ordonné f.à.d. I. Puisque la limite inductive est un foncteur exact, il s'ensuit que le complexe suivant dual au complexe du théorème 4.1 est acyclique:

$$\underline{\Sigma}(A_\alpha):\ \Sigma A_{\alpha_0} \overset{\partial_1}{\leftarrow} \sum_{\alpha_0\leqq\alpha_1} A_{\alpha_0\alpha_1} \leftarrow \dots$$

$$\overset{\partial_n}{\leftarrow} \sum_{\alpha_0\leqq\dots\leqq\alpha_n} A_{\alpha_0\dots\alpha_n} \leftarrow \dots \qquad (A_{\alpha_0\dots\alpha_n} = A_{\alpha_0}),$$

où $\Sigma A_{\alpha_0\dots\alpha_n}$ désigne la somme directe des $A_{\alpha_0\dots\alpha_n}$, et

$$\partial^n(j_{\alpha_0\dots\alpha_n}a) =$$

$$j_{\alpha_1\dots\alpha_n}(f_{\alpha_1\alpha_0}a) + \sum_{i=1}^{n}(-1)^i j_{\alpha_0\dots\hat{\alpha}_i\dots\alpha_n}a, \quad a \in A_{\alpha_0},$$

$j_{\alpha_0\dots\alpha_n}$ étant l'injection canonique dans la $(\alpha_0\dots\alpha_n)^{\text{ième}}$ coordonnée.

De plus, on a $H_0(\underline{\Sigma} A_\alpha) \simeq \varinjlim A_\alpha$.

Soient $\{A_\alpha, f_{\beta\alpha}\}$ un I-système inductif de R-modules et R-homomorphismes et M un R-module quelconque. Prenons une résolution injective de M:

$$0 \to M \to Q^0 \to \dots \to Q^n \to \dots$$

et désignons par $\underline{Q}$ le complexe correspondant.

Introduisons le bicomplexe d'homomorphismes $\mathrm{Hom}_R(\underline{\Sigma}(A_\alpha), \underline{Q})$, dont le $(p,q)^{\text{ième}}$ module est $\mathrm{Hom}_R(\sum_{\alpha_0\leq\ldots\leq\alpha_p} A_{\alpha_0,\ldots,\alpha_p}, Q^q)$ et considérons les deux suites spectrales associées aux deux filtrations canoniques.*) D'abord le cas où p est l'index de filtration. Alors on a

$$E_1'^{p,q} = H^q(\mathrm{Hom}_R(\Sigma\, A_{\alpha_0\ldots\alpha_p}, \underline{Q})) = \mathrm{Ext}_R^q(\Sigma\, A_{\alpha_0\ldots\alpha_p}, M) =$$

$$\prod_{\alpha_0\leq\ldots\leq\alpha_p} \mathrm{Ext}_R^q(A_{\alpha_0\ldots\alpha_p}, M).$$

Le foncteur contravariant $\mathrm{Ext}_R^q(-,M)$ transforme le complexe $\underline{\Sigma}(A_\alpha)$ dans le complexe $\underline{\Pi}\, \mathrm{Ext}_R^q(A_\alpha,M)$ correspondant au système projectif $\{\mathrm{Ext}_R^q(A_\alpha,M), \mathrm{Ext}_R^q(f_{\beta\alpha},1_M)\}$, donc

$$E_2'^{p,q} = H^p(\underline{\Pi}\, \mathrm{Ext}_R^q(A_\alpha, M)) \simeq \varprojlim{}^{(p)}\mathrm{Ext}^q(A_\alpha, M).$$

Lorsque q est l'index de filtration on obtient

$$E_1''^{p,q} = H^p(\mathrm{Hom}(\underline{\Sigma}(A_\alpha), Q^q)) = \begin{cases} \mathrm{Hom}(\varinjlim A_\alpha, Q^q) & \text{pour } p = 0 \\ 0 & \text{pour } p > 0 \end{cases}$$

et ensuite

$$E_2''^{p,q} = \begin{cases} \mathrm{Ext}_R^q(\varinjlim A_\alpha, M) & \text{pour } p = 0 \\ 0 & \text{pour } p > 0 \end{cases}$$

Donc la deuxieme suite spectrale dégénère, et l'on aura

$$H^n(\mathrm{Hom}_R(\underline{\Sigma}(A_\alpha), \underline{Q}) = \mathrm{Ext}_R^n(\varinjlim A_\alpha, M).$$

En tout on a démontré:

---

*) Pour de plus amples détails concernant les bicomplexes et les suites spectrales, voir [17] et [31].

Théorème 4.2. [42] Pour tout I-système inductif $\{A_\alpha, f_{\beta\alpha}\}$ de R-modules A_α et de R-homomorphismes $f_{\beta\alpha}$ et tout R-module M il existe un suite spectrale

$$E_2^{p,q} = \varprojlim^{(p)} \mathrm{Ext}_R^q(A_\alpha, M) \underset{p}{\Rightarrow} \mathrm{Ext}_R^n(\varinjlim A_\alpha, M)$$

De façon analogue on peut démontrer

Théorème 4.3. [44] Pour tout I-système projectif $\{A_\alpha, f_{\alpha\beta}\}$ de R-modules et R-homomorphismes et tout R-module M il existent deux suites spectrales données par

$$E_2'^{p,q} = \varprojlim^{(p)} \mathrm{Ext}_R^q(M, A_\alpha)$$

et

$$E_2''^{p,q} = \mathrm{Ext}_R^p(M, \varprojlim^{(q)} A_\alpha)$$

avec les mêmes limites.

Théorème 4.4. [42] Pour tout I-système projectif $\{A_\alpha, f_{\alpha\beta}\}$ de R-modules (à gauche) et R-homomorphismes et tout R-module à droite M de type fini, ayant une résolution projective de R-modules de type fini, il existent deux suites spectrales

$$E_2'^{p,q} = \varprojlim^{(p)} \mathrm{Tor}_{-q}^R(M, A_\alpha)$$

et

$$E_2''^{p,q} = \mathrm{Tor}_{-p}^R(M, \varprojlim^{(q)} A_\alpha)$$

avec les mêmes limites.*)

Signalons encore une suite spectrale ayant rapport aux extensions pures. Pour simplifier nous nous restreignons à considérer un anneau noethérien à gauche R. Rappelons le résultat suivant bien connu (Cohn [12]).

Proposition 4.5. Soient R un anneau noethérien à gauche et

$$0 \to A \to B \underset{\beta}{\to} C \to 0 \qquad (4)$$

*) En général, ces suites spectrales ne convergent que si la dimension projective de M est finie, cf. §5.

une suite exacte de R-modules à gauche. Si l'on considére A comme un sous-module de B, les conditions suivantes sont équivalentes:

(i) Pour tout R-module à droite M la suite

$$0 \to M \otimes_R A \to M \otimes_R B \to M \otimes_R C \to 0$$

est exacte.

(ii) Toute équation linéaire $r_1x_1+\ldots+r_nx_n = a$, $r_1,\ldots,r_n \in R$, $a \in A$ ayant une solution $(x_1,\ldots,x_n)$ dans B a aussi une solution dans A.

(iii) Pour tout sous-module de type fini C' de C il existe un R-homomorphisme γ de C' dans B tel que $\beta\gamma = 1_{C'}$.

<u>Définition.</u> Une suite exacte (4) avec les propriétés équivalentes de la proposition 4.5 est appelée une suite pure.

On dit qu'un R-module C est projectif pur si toute suite exacte pure de la forme (4) avec C comme dernier module est scindée.

Tout module de type fini est projectif pur, et, en général, les modules projectifs purs sont exactement les facteurs directs des sommes directes de modules de type fini. Ceci entraîne qu'il existe pour tout module C une suite exacte pure

$$0 \to A \to P \to C \to 0$$

où P est un module projectif pur.

Dualement on dit qu'un R-module A est injectif pur si toute suite exacte pure (4) avec A comme premier module est scindée, et l'on peut démontrer qu'il existe pour tout module A une suite exacte pure

$$0 \to A \to Q \to C \to 0$$

où Q est un module injectif pur (Voir par exemple [49]).

Donc tout module a une résolution projective pure et une résolution injective pure; ceci permet d'introduire les foncteurs $\mathrm{Pext}_R^n(A,B)$ comme $H^n(\mathrm{Hom}(\underline{P},B))$ où $H^n(\mathrm{Hom}(A,\underline{Q}))$, où $\underline{P}$ (resp. $\underline{Q}$) est une résolution projective pure (resp. injective pure) de A (resp. B). En particulier, il se trouve que $\mathrm{Pext}_R^1(A,B)$ est le sous-groupe de $\mathrm{Ext}_R^1(A,B)$, regardé comme le groupe de Baer d'extensions de B par A, correspondant aux extensions pures.

De la même façon comme dans le théorème 4.2 on a une suite spectrale

$$E^{p,q} = \varprojlim{}^{(p)} \mathrm{Pext}_R^q(A_\alpha, M) \underset{p}{\Rightarrow} \mathrm{Pext}_R^n(\varinjlim A_\alpha, M) \qquad (4)$$

Soit A un R-module quelconque. Écrivons A comme réunion filtrante de ses sous-modules A_α de type fini. Puisque les A_α sont projectifs purs, on trouve $\mathrm{Pext}_R^q(A_\alpha,M) = 0$ pour tout $q > 0$. Donc la suite spectrale (4) dégénère en des isomorphismes

$$\mathrm{Pext}_R^n(A,M) \simeq \varprojlim{}^{(n)} \mathrm{Hom}_R(A_\alpha,M),$$

A_α parcourant les sous-modules de type fini de A.

§5. Applications à la théorie des dimensions homologiques des anneaux et des modules

Dans ce paragraphe nous considérons des questions dans la théorie des dimensions de modules, où les foncteurs $\varprojlim^{(i)}$ apparaissent d'une manière naturelle et s'avèrent dans plusieurs cas très commode pour donner des démonstrations suggestives.

D'abord nous rappelons des notions et résultats bien connus. Soient R un anneau (associatif et ayant un élément unité) et A un R-module à gauche. La dimension cohomologique ou dimension projective à gauche de A, noté $l.dh_R(A)$ est définie comme suit:

$l.dh_R(A) \leq n$ si et seulement si A a une résolution projective de longueur n:

$$0 \to P_n \to \dots \to P_1 \to P_0 \to A \to 0,$$

ce qui équivaut à dire que $Ext^m_R(A,M) = 0$ pour tout R-module à gauche M et tout $m > n$. On définit la dimension globale à gauche, notée l.gl.dim R, comme la borne supérieure (finie ou infinie) de $l.dh_R(A)$, où A parcourt les R-modules à gauche.

De même on définit la dimension globale à droite, notée r.gl.dim R, à partir des R-modules, ou bien comme l.gl.dim R^{op}, où R^{op} désigne l'anneau opposé de R.

Bien entendu, si R est commutatif, on a l.gl.dim R = r.gl.dim R. Donc, la différence |l.gl.dim R - r.gl.dim R| peut être considerée comme une mesure de la non-commutativité de R, et il serait naturel de se demander quelles sont les valeurs possibles de cette différence.

Donnerons les résultats à ce sujet par ordre chronologique. Comme cela est démontré dans [10] l.gl.dim R = 0 si et seulement si R est semi-simple et artinien. Puisque cette notion est symétrique à droite et à gauche, il s'ensuit que l.gl.dim R = 0 si et seulement si r.gl.dim R = 0. En 1956 Auslander [1] démontra que l.gl.dim R = r.gl.dim R, si R est noethérien à droite et à gauche. En 1958 Kaplansky [24] a construit un anneau R tel que r.gl.dim R = 1 et l.gl.dim R=2. La puissance de cet anneau est celle du continu. Plus tard P.M. Cohn [13], 1965 obtint par d'autres méthodes un anneau R de cardinal du continu pour lequel r.gl.dim R = 1 et l.gl.dim R $\geq$ 2. La valeur exacte de l.gl.dim R est jusqu'à présent inconnue.

L. Small [46], 1965 donna l'exemple suivant:

$$R = \begin{pmatrix} h & q_1 \\ 0 & q_2 \end{pmatrix}, \quad h \in \mathbb{Z}, \; q_1, q_2 \in \mathbb{Q} ,$$

pour lequel on vérifie sans peine que l.gl.dim R = 2 et r.gl. dim R = 1.

En combinant cet exemple avec la construction de Kaplansky, Small [47], 1966 pouvait construire un anneau R du cardinal du continu tel que r.gl.dim R = 1 et l.gl.dim R = 3. En 1966, (Jensen [20]) il fut démontré que la combinaison r.gl.dim R = 1, l.gl.dim R = 3 est impossible pour un anneau dénombrable R; plus exactement il fut démontré que |l.gl.dim R - r.gl.dim R)$\leq$1, si les idéaux à droite et les idéaux à gauche de R sont de type dénombrable. En généralisant la démonstration dans [20] il fut prouvé([21], [41]):

<u>Théorème 5.1.</u> Si R est un anneau dont tout idéal à droite et tout idéal à gauche est au plus de type $\aleph_k$, alors

$$|\text{l.gl.dim } R - \text{r.gl.dim } R| \leq k + 1.$$

A.V. Jategaonkar [19], 1968 a construit des exemples, qui

montrent que le théorème 5.1 est le meilleur possible: Pour tout $k \geq 0$ il existe un anneau de puissance $\aleph_k$ tel que $r.gl.dim\ R = 1$ et $l.gl.dim\ R = k+2$.

En utilisant les foncteurs $\varprojlim^{(i)}$ nous donnerons maintenant une démonstration du théorème 5.1 plus suggestive que la démonstration originale, qui entraîna beaucoup de calculations.

Pour démontrer le théorème 5.1 il faut faire intervenir une troisième dimension, la dimension globale faible d'un anneau R, notée w.gl.dim R, qui est un invariant bilatère de R. Nous allons établir des relations entre dimension, w.gl.dim R, et chacune des dimensions l.gl.dim R et r.gl.dim R et par suite obtenir des relations entre l.gl.dim R et r.gl.dim R.

Rappelons que w.gl.dim R est le plus petit entier n tel que $Tor^R_{n+1}(A,B) = 0$ pour tout R-module à droite A et tout R-module à gauche B. Puisque $Tor^R_{n+1}(-,B) = 0$ pour tout R-module à gauche B de dimension projective $\leq n$, on obtient pour tout anneau R

$$\begin{aligned} w.gl.dim\ R &\leq l.gl.dim\ R \\ w.gl.dim\ R &\leq r.gl.dim\ R \end{aligned} \qquad (1)$$

En vertu de sa définition w.gl.dim R est symétrique à droite et à gauche; donc (1) entraîne que le théorème 5.1 est une conséquence de

<u>Théorème 5.2.</u> Si R est un anneau dont tout idéal à gauche est au plus de type $\aleph_k$, alors:

$$l.gl.dim\ R \leq w.gl.dim\ R + k+1.$$

Démonstration. Évidemment on peut supposer que $d = w.gl.dim\ R$ est $< \infty$. D'après un résultat bien connu de Auslander [1] il suffit de prouver que $l.dh_R(R/\mathfrak{a}) \leq d+k+1$ pour tout idéal à gauche $\mathfrak{a}$ de R.

Puisque tout idéal à gauche est au plus de type $\aleph_k$ on conclut de la même manière comme dans [20] qu'il existe une suite exacte de la forme:

$$0 \to K \to L_{d-1} \to \dots \to L_1 \to R \to R/\mathfrak{a} \to 0 \qquad (2)$$

où tous les modules sont au plus de type $\aleph_k$ et $L_1, \dots, L_{d-1}$ sont libres. En utilisant la formule de décalage pour les foncteurs Tor et le fait w.gl.dim R = d on voit que K est un R-module plat.

K est un R-module plat de présentation de puissance $\aleph_k$. Donc, si nous supposons démontré la proposition 5.3 qui suit, nous obtenons

$$\mathrm{l.dh}_R K \leq k+1 \qquad (3)$$

(3) signifie que K admet une résolution projective de longueur $\leq k+1$. En remplaçant K par une telle résolution dans (2) on voit que $\mathrm{l.dh}_R(R/\mathfrak{a}) \leq d+k+1$.

Donc, pour achever la démonstration la démonstration du théorème 5.2 il suffit de prouver:

<u>Proposition 5.3.</u> Si A est un R-module (à gauche) plat de présentation de puissance $\aleph_k$, alors $\mathrm{l.dh}_R(A) \leq k+1$.

<u>Démonstration.</u> D'après un résultat de D. Lazard [29] il existe un ensemble ordonné f.à.d. I et un I-système inductif $\{L_\alpha, f_{\beta\alpha}\}$ de R-modules libres de type fini tels que

$$A = \varinjlim_{I} L_\alpha \qquad (4)$$

A est (au plus) de type $\aleph_k$, donc pour un sous-ensemble convenable I_0 de I, I_0 de puissance $\leq \aleph_k$ l'application canonique

$$\sum_{\alpha\in I_o} \oplus L_\alpha \underset{\varphi}{\rightarrow} A$$

est surjective. Le fait que A est de présentation de puissance $\aleph_k$ implique que le noyau Ker φ est au plus de type $\aleph_k$. (Cf. [7], lemme 9, p. 37). Donc, vu le lemme 1.4 il existe un sous-ensemble f.à.d. I_1 de I, I_1 de puissance $\leq \aleph_k$ contenant I_o tel que pour tout $\alpha \in I_o$ et tout $x \in L_\alpha \cap \text{Ker } \varphi$ on a $f_{\beta\alpha}(x) = 0$ pour un $\beta > \alpha$, $\beta \in I_1$.

Si l'on remplace I_o par I_1 et répète le procédé sur I_1 on obtient une chaîne ascendante $I_o \subset I_1 \subset I_2 \subset \ldots$ de sous-ensembles f.à.d. de puissance $\leq \aleph_k$ tel que $A = \varinjlim_{I'} L_\alpha$, où $I' = \bigcup_{t=o}^{\infty} I_t$ est f.à.d. et de puissance $\leq \aleph_k$. Donc, dans la présentation (4) on peut supposer que I est de puissance $\leq \aleph_k$.*)

Utilisons maintenant la suite spectrale du théorème 4.2

$$E_2^{p,q} = \varprojlim{}^{(p)} \text{Ext}_R^q(L_\alpha,M) \underset{p}{\Rightarrow} \text{Ext}_R^n(\varinjlim L_\alpha,M)$$

Puisque les modules L_α sont libres, on a $E_2^{p,q} = 0$ pour $q > 0$. De plus, le théorème 3.1 et le fait que I est au plus de puissance $\aleph_k$ entraînent que $E_2^{p,q} = 0$ pour $q \geq k+2$. Donc les termes $E_2^{p,q}$ s'annulent sur la diagonale $p+q = k+2$. Ceci implique $\text{Ext}_R^{k+2}(\varinjlim L_\alpha,M) = \text{Ext}_R^{k+2}(A,M) = 0$ pour tout R-module M, c.-à.-d. $\text{l.dh}_R(A) \leq k+1$.

Signalons ici une conséquence immediate des théorèmes 5.2 et 5.3.

Corollaire 5.4. Soit R un anneau régulier au sens de von Neumann (absolument plat). Si R est de puissance $\aleph_k$, alors

---

*) La démonstration de l'assertion correspondante (au cas dénombrable) dans [29], p.89 n'est pas correcte. B. Mitchell m'a communiqué cette rectification.

$|$l.gl.dim R - r.gl.dim R$| \leq$ k.

Démonstration. Puisque R est régulier au sens de von Neumann, on a w.gl.dim R = 0, et donc d'après le théorème 5.3 l.gl.dim R $\leq$ k+1 et r.gl.dim R $\leq$ k+1. Si une de ces dernières dimensions est 0, R est semi-simple et artinien, et par suite l.gl.dim R = r.gl.dim R = 0. Par conséquence, si l.gl.dim R $\neq$ r.gl.dim R alors l.gl.dim R et r.gl.dim R sont > 0. Ceci donne l'inégalité du corollaire 5.4.

Rappelons la définition de la dimension finistique projective à gauche, notée l.FPD(R) d'un anneau R, dont nous aurons besoin dans ce qui suit. l.FPD(R) est définie comme la borne supérieure de $l.dh_R(M)$, où M parcourt tous les R-modules à gauche tels que $l.dh_R(M) < \infty$.

Donnons d'abord une conséquence du théorème 5.2 et d'un résultat dans [22].

Proposition 5.5. Soit R un anneau de Prüfer (ou plus général un anneau pour lequel w.gl.dim R $\leq$ 1), dont tout idéal est au plus de type $\aleph_k$. Si $\mathfrak{a} \neq 0$ est un idéal de type fini (ou contenant un élément non diviseur de zéro), alors $FPD(R/\mathfrak{a}) \leq k+1$.

Démonstration. Le théorème 5.2 implique que gl.dim R $\leq$ k+2. Soit M un $(R/\mathfrak{a})$-module, M $\neq$ 0, tel que $dh_{R/\mathfrak{a}}(M) < \infty$. Puisque $\mathfrak{a}$, considéré comme un R-module est fidèlement projectif, le théorème 1 [22] montre que $dh_R(M) = 1+dh_{R/\mathfrak{a}}(M)$. Manifestement, $dh_R(M) \leq k+2$, donc $dh_{R/\mathfrak{a}}(M) \leq k+1$ et par suite $FPD(R/\mathfrak{a}) \leq k+1$.

Remarque. Le résultat que gl.dim R $\leq$ k+2 pour un anneau de Prüfer, dont tout idéal est au plus de type $\aleph_k$ est le meilleur possible (Voir [40]). Mais c'est une question ouverte de savoir s'il en est de même de l'inégalité $FPD(R/\mathfrak{a}) \leq k+1$. Seulement dans le cas k=0, il est facile de donner un example où l'on a égalité. En effet, il suffit de considérer un anneau de valuation non discrète de rang 1.

Rappelons ici un résultat dont la démonstration se trouve dans [23].

<u>Proposition 5.6.</u> Pour un anneau R quelconque on a $l.dh_R(A) < l.FPD(R)$ pour tout R-module à gauche plat A.

<u>Remarque.</u> En utilisant des arguments "au serpent" semblable à ceux de Kaplansky (ou [23]) on voit que pour tout anneau noethérien R, $FPD(R) = \sup dh_R(A)$, où A parcourt les R-modules de type dénombrable de dimension projective finie. Donc, tenant compte de la proposition 5.3 (pour $k = 0$), on obtient $FPD(R) \leqq FWD(R) + 1$, où FWD(R) désigne la borne supérieure des dimensions faibles $w.dh_R(A)$, A parcourant les modules de dimension faible finie. D'après les résultats d'Auslander, Buchsbaum et Bass, on a $FWD(R) \leqq K\text{-}dim(R) \leqq FPD(R)$, où K-dim(R) désigne la dimension de Krull, et $FWD(R) \leqq K\text{-}dim(R) - 1$, si R est un anneau local, qui n'est pas de Cohen-Macaulay. Donc $FPD(R) \leqq K\text{-}dim(R) + 1$ et $FPD(R) = K\text{-}dim(R)$, si R n'est pas de Cohen-Macaulay. Ceci répond partiellement à une question de Bass[3], et tenant compte de la proposition 5.6, donne une borne supérieure des dimensions projectives des R-modules plats. Je suis reconnaissant à L.Gruson de m'avoir communiqué cette application.

A l'aide des propositions 5.3 et 5.6 nous allons déduire encore une borne supérieure des dimensions projectives des modules plat sur un anneau non nécessairement commutatif.

<u>Théorème 5.7.</u> Soit R un anneau (non nécessairement commutatif) de puissance $\aleph_k$. Si R possède un anneau de fractions à droite Q, qui est parfait à gauche (c.à.d. satisfaisant à la condition des chaînes descendantes sur les idéaux principaux à droite,

voir [2]), alors pour tout R-module à gauche plat A on a l'inégalité:

$$l.dh_R(A) \leq Max(k+1, n-1)$$

où $n = l.FPD(R)$.

<u>Démonstration.</u> Évidement nous pouvons supposer que $n = l.FPD(R) < \infty$.

Puisque A est plat nous avons une suite exacte

$$0 \to A \to Q \otimes_R A \to (Q/R) \otimes_R A \to 0 \qquad (5)$$

Ici $Q \otimes_R A$ est un Q-module à gauche plat. Q est supposé parfait à gauche, par conséquent $Q \otimes_R A$ est un Q-module à gauche projectif et donc facteur direct d'une somme directe d'exemplaires de Q.

Étant un anneau de fractions à droite de R, Q est un R-module à gauche plat, qui en vertu de l'hypothèse sur la puissance de R est de présentation de puissance $\leq \aleph_k$. La proposition 5.3 implique que $l.dh_R Q \leq k+1$; il en résulte que tout facteur direct d'une somme directe d'exemplaires de Q a dimension projective $\leq k+1$. Donc $l.dh_R(Q \otimes_R A) \leq k+1$.

La proposition 5.6 entraîne que $l.dh_R(A) \leq n$. La remarque ci-dessus et la suite exacte (5) montrent que $l.dh_R(Q/R) \otimes_R A < \infty$, et donc $l.dh_R(Q/R) \otimes_R A \leq l.FPD(R) = n$.

Si $d \geq k+1$ et $d \geq n-1$ la suite exacte des foncteurs $Ext_R(-,N)$ montre que $Ext_R^{d+1}(A,N)$ pour tout R-module à gauche N, c.-à.-d. $l.dh_R(A) \leq d$.

C.Q.F.D.

Dans le cas, où R est un anneau commutatif et noethérien, on peut donner un résultat plus précis que le théorème 5.7. Nous l'avons d'abord démontré pour un anneau de Gorenstein, mais plus tard M M. Gruson et Vasconcelos m'ont communiqué, que l'on peut éliminer l'hypothèse que R soit de Gorenstein à l'aide du lemme suivant

Lemme (Gruson, Vasconcelos). Soient R un anneau commutatif et $\mathfrak{a}$ un idéal nilpotent de R. Alors pour tout R-module plat M on a $dh_R M \leq dh_{R/\mathfrak{a}}(M/\mathfrak{a}M)$

Démonstration. Nous utilisons récurrence sur $n = dh_{R/\mathfrak{a}}(M/\mathfrak{a}M)$.

Le cas n = 0. Écrivons M comme quotient d'un R-module libre L, et l'on aura un diagramme commutatif

$$\begin{array}{ccccccccc} 0 & \rightarrow & K & \overset{\alpha}{\rightarrow} & L & \rightarrow & M & \rightarrow & 0 \\ & & \downarrow \kappa_1 & & \downarrow \kappa_2 & & \downarrow & & \\ 0 & \rightarrow & K/\mathfrak{a}K & \underset{\beta}{\rightarrow} & L/\mathfrak{a}L & \rightarrow & M/\mathfrak{a}M & \rightarrow & 0 \end{array} \qquad (6)$$

avec les applications évidentes et des suites exactes. Remarquons que β est en effet injectif parce que le noyau de $\beta \simeq \mathrm{Tor}_1^R(R/\mathfrak{a}, M) = 0$ en vertu de la platitude de M. La dernière ligne de (6) est scindée, puisque $M/\mathfrak{a}M$ est projectif sur $R/\mathfrak{a}$. Donc il existe une application γ: $L/\mathfrak{a}L \rightarrow K/\mathfrak{a}K$ telle que $\gamma\beta = 1_{K/\mathfrak{a}K}$.

L étant libre, il existe une application δ: $L \rightarrow K$ telle que $\kappa_1\delta = \gamma\kappa_2$. Puisque $\kappa_1\delta\alpha = \gamma\kappa_2\alpha = \gamma\beta\kappa_1 = \kappa_1$, on a $(\delta\alpha - 1_K)K \subseteq \mathfrak{a}K$. $\mathfrak{a}$ est nilpotent, par suite il en est de même de $\delta\alpha - 1_K$. Donc $\delta\alpha$ a un inverse ε pour lequel on a $\varepsilon\delta\alpha = 1_K$. Ceci montre que la première ligne de (6) est scindée, et par conséquent M est projectif.

$n-1 \Rightarrow n$. Supposons que $n = dh_{R/\mathfrak{a}}(M/\mathfrak{a}M) \geq 1$. Nous avons le même diagramme (6) comme plus haut.K est un R-module plat, et $dh_{R/\mathfrak{a}}(K/\mathfrak{a}K) = n-1$, donc par l'hypothèse de récurrence $dh_R K = n-1$. Par conséquent $dh_R M \leq n$.

Nous sommes maintenant à même de prouver

<u>Théorème 5.8.</u> Si R est un anneau commutatif et noethérien de puissance $\aleph_k$, alors $dh_R A \leq k+1$ pour tout R-module plat A.

<u>Démonstration.</u> En appliquant le lemme précédent au nilradical de R on peut supposer que R est réduit. Si S est la partie multiplicative des éléments de R non diviseurs de zéro, alors l'anneau de fractions $Q = S^{-1}R$ est un anneau artinien.

En utilisant que Q est artinien, en particulier parfait, il s'ensuit (comme dans la démonstration du théorème 5.7) que $dh_R(Q \otimes_R A) \leq k+1$.

On a une suite exacte

$$0 \to A \to Q \otimes_R A \to (Q/R) \otimes_R A \to 0,$$

donc, tenant compte de la suite exacte des foncteurs $Ext_R(-,M)$, il suffit de démontrer que $dh_R(Q/R) \otimes_R A \leq k+2$.

l'ensemble S est de puissance $\leq \aleph_k$, et par conséquent on peut écrire $S = \{s_\alpha\}$, où l'ensemble d'indices est formé par des nombres ordinaux ($< \aleph_k$). Désignons par M_α le sous-R-module de Q engendré par les réciproques des produits finis d'éléments s_β, $\beta < \alpha$, et désignons par $\bar{M}_\alpha$ le sous-R-module engendré par les réciproques des produits finis d'éléments s_β, $\beta \leq \alpha$. Évidemment Q/R est la réunion filtrante des M_α/R. Donc, puisque le produit tensoriel commute aux limites inductives, on a

$$(Q/R) \otimes_R A = \bigcup_\alpha (M_\alpha/R) \otimes_R A.$$

Pour tout α on a un isomorphisme

$$T_\alpha = [(\bar{M}_\alpha/R) \otimes_R A]/[(M_\alpha/R) \otimes_R A] \simeq$$

$$(\bar{M}_\alpha/M_\alpha) \otimes_R A \simeq (R/s_\alpha R) \otimes_R A.$$

Par suite T_α est un $(R/s_\alpha R)$-module plat. La puissance de $R_\alpha^* = R/s_\alpha R$ est $\leq \aleph_k$; en appliquant le lemme précédent et le principe de récurrence noethérienne on peut supposer que $dh_{R^*_\alpha}(T_\alpha) \leq k+1$, et donc (voir [25] Theorem 5.3) $dh_R(T_\alpha) \leq k+2$. Alors un résultat d'Auslander [1], Proposition 3, entraîne que $dh_R(Q/R) \otimes_R A \leq k+2$, ce qui achève la démonstration du théorème 5.8.

Exemple. Soit R le sous-anneau dénombrable du produit direct $\mathbb{Z}^{\mathbb{N}}$ engendré par la somme directe $\mathbb{Z}^{(\mathbb{N})}$ et l'élément unité de $\mathbb{Z}^{\mathbb{N}}$. Alors $\mathbb{Q}^{\mathbb{N}}$ est un R-module plat de dimension projective 2. Ceci montre que l'hypothèse du théorème 5.8 que R soit noethérien est essentiel.

Donnons encore une conséquence de la proposition 5.6.

Théorème 5.9. Soit R un anneau noethérien à droite et à gauche. Alors les conditions suivantes sont équivalentes

i) Les dimensions injectives à gauche et à droite de R sur lui-méme (notées l.inj.dim R et r.inj.dim R) sont finies

ii) La dimension injective de tout R-module (à gauche et à droite) projectif est finie.

iii) La dimension projective de tout R-module (à gauche et à droite) injectif est finie.

Démonstration. R étant noethérien à droite et à gauche, l'équivalence:

i) $\Leftrightarrow$ ii) est une conséquence évidente d'une caractérisation bien connue (de Matlis) des anneaux noethériens.

Pour tout R-module à gauche de type fini A et tout R-module à droite injectif Q il y a un isomorphisme fonctorial (voir [10], p. 120)

$$\mathrm{Hom}_R(\mathrm{Ext}^i_R(A,R),Q) \simeq \mathrm{Tor}^R_i(\mathrm{Hom}_R(R,Q),A) \simeq \mathrm{Tor}^R_i(Q,A) \qquad (7)$$

i) $\Rightarrow$ iii). Supposons que $\mathrm{l.inj.dim}\, R = n < \infty$. Alors (7) montre que la dimension faible à droite, $r.w.dh_R Q$ est $\leq n$, c.-à.-d. il existe une suite exacte

$$0 \to P_n \to \dots \to P_o \to Q \to 0$$

où les R-modules à droite $P_o, \dots, P_n$ sont plats. Puisque $r.FPD(R) \leq r.inj.dim\, R$ (voir [3]), la proposition 5.6 et l'hypothèse pour r.inj.dim R montrent que $r.dh_R(P_j) < \infty$, $0 \leq j \leq n$. Mais ceci implique que $r.dh_R Q < \infty$. De manière analogue on obtient $l.dh_R Q < \infty$ pour tout R-module à gauche injectif Q.

iii) ⇒ i). Soit Q un cogénérateur injectif de la catégorie des R-modules à droite. Supposons que $r.dh_R Q = n < \infty$. L'isomorphisme (7) montre que $Ext_R^i(A,R) = 0$ pour tout R-module à gauche de type fini A et tout $i > n$. Ceci signifie que $l.inj.dim\, R \leq n < \infty$. De même on démontre que $r.inj.dim\, R < \infty$.

C.Q.F.D.

Finissons ce paragraphe en indiquant que la proposition 5.6 entraîne que les résultats dans [22, §2] restent vrai sans l'hypothèse du continu.

Proposition 5.10. Soit R le produit direct d'une famille d'anneaux commutatifs R_i, $i \in I$. Alors il existe un R-module M tel que $dh_R M = 2$.

Démonstration. Sans restriction on peut supposer que I est dénombrable. Soient pour tout $i \in I$ $\mathfrak{m}_i$ un idéal maximal de R_i et $\bar{R}_i = R_i/\mathfrak{m}_i$ l'anneau quotient correspondant. Si $\bar{R} = \prod_{i \in I} \bar{R}_i$, il existe un idéal $\bar{\mathfrak{a}}$ de $\bar{R}$, qui n'est pas de type dénombrable et par suite non-projectif (voir [21], [22]). Puisque $\bar{R}$ est régulier au sens de von Neumann, $\bar{\mathfrak{a}}$ est engendré par une famille d'idempotents $\{\bar{e}_\alpha\}$ qui se composent de zéros et unités dans $\bar{R} = \prod_i \bar{R}_i$. Soit $\mathfrak{a}$ l'idéal de R engendré par les idempotents relevés $\{e_\alpha\}$ qui se composent par les zéros et unités correspondants dans $R = \prod_i R_i$. Comme cela est remarqué dans [21] $\mathfrak{a}$ n'est pas projectif sur R. Puisque tout sous-idéal de $\mathfrak{a}$ est engendré par un nombre fini d'idempotents, $\mathfrak{a}$ est un R-module plat. Si $FPD(R) = \infty$ il existe (par décalage) un R-module de dimension projective 2. Si $FPD(R) < \infty$ la proposition 5.6 montre que $dh_R \mathfrak{a} < \infty$. Par conséquent $R/\mathfrak{a}$ est un R-module de dimension projective finie, et parce que $\mathfrak{a}$ n'est pas projectif sur R on a $2 \leq dh_R \, R/\mathfrak{a} < \infty$. Donc, par décalage, on obtient un R-module de dimension projective 2.

C.Q.F.D.

Donc les résultats dans [22] qui sont des conséquences de la proposition 5.10 sont valables sans l'hypothèse du continu. Par exemple la dimension globale d'un produit direct d'une famille infinie d'anneaux noetheriens et commutatifs de dimension globale n est $\geq n+2$.

§6. Des résultats complémentaires sur la dimension cohomologique d'un ensemble ordonné

Dans le paragraphe précédent nous avons vu plusieurs applications des renseignements concernant la dimension cohomologique d'un ensemble ordonné. Donc, il serait naturel de chercher des conditions qui garantissent que $\varprojlim^{(i)} M_\alpha$ s'annule pour les systèmes projectifs $\{M_\alpha\}$ de R-modules M_α. Nous commencons par un résultat négatif, c'est qu'il n'existe aucune condition générale d'une telle espèce. Plus précisement nous allons démontrer le résultat suivant.

Proposition 6.1. Pour tout anneau commutatif R il existent un ensemble bien ordonné et un I-système projectif de R-modules M_α tel que $\varprojlim^{(i)} M_\alpha \neq 0$ pour tout $i > 0$.

Démonstration. Soient ω l'ordinal des nombres naturels et I le plus petit ordinal de puissance $\aleph_{\omega+1}$. Alors I n'admet aucun sous-ensemble cofinal de puissance $\aleph_n$, $n \in \omega$. Soit G la somme directe de $\aleph_{\omega+1}$ exemplaires du groupe des entiers, ordonné par l'ordre lexicographique, c.-à.-d. un élément $g = \{g_\alpha\} \in G$ est positif si et seulement si $g_{\alpha'} > 0$, où α' est le plus petit $\alpha \in I$ dont la coordonné correspondante est $\neq 0$.

D'après un résultat de Krull [26] il existe un corps valué K avec G comme groupe des valeurs. Soit v la valuation correspondante. Remarquons ici que l'on peut supposer que K est une k-algèbre ou k est un corps quelque donné.

Soient S l'anneau de valuation correspondant et $\mathfrak{m}$ l'idéal maximal. Si I^* est l'ensemble des éléments de G de la forme e_α, où e_α est l'élément de G, dont la $\alpha^{\text{ième}}$ coordonnée est 1 et toute autre coordonnée est 0, alors I^* (en tant qu'ensemble ordonné) est antiisomorphe à I. Si a_α est un élément de l'idéal maximal $\mathfrak{m}$ de S tel que $v(a_\alpha) = 1_\alpha$, $\mathfrak{m}$ peut s'écrire comme réunion ordonnée

$$\mathfrak{m} = \bigcup_\alpha Sa_\alpha = \varinjlim Sa_\alpha$$

avec les injections évidentes et I comme ensemble d'indices.

Puisque I n'admet aucun sous-ensemble cofinal de puissance $\aleph_n$, $n \in \omega$ $\mathfrak{m}$ ne peut pas être engendré par mains de $\aleph_\omega$ éléments. En vertu d'un résultat dans [40] ceci entraîne que $dh_S(\mathfrak{m}) = \infty$.

Donc, pour tout $t > 0$ il existe un S-module B_t tel que $Ext_S^t(\mathfrak{m}, B_t) \neq 0$, et par conséquent nous aurons pour $B = \prod_t B_t$

$$Ext_S^n(\mathfrak{m}, B) = \prod_t Ext_S^n(\mathfrak{m}, B_t) \neq 0 \qquad \text{pour tout } n > 0$$

Puisque Sa_α est un S-module projectif, la suite spectrale

$$E_2^{p,q} = \varprojlim{}^{(p)} Ext_S^q(Sa_\alpha, B) \underset{p}{\Rightarrow} Ext_S^n(\varinjlim Sa_\alpha, B) = Ext_S^n(\mathfrak{m}, B)$$

dégénère en des isomorphismes

$$\varprojlim{}^{(n)} Hom_S(Sa_\alpha, B) \simeq Ext_S^n(\mathfrak{m}, B) \qquad n > 0.$$

Ainsi les S-modules $M_\alpha = Hom_S(Sa_\alpha, B)$ forment un système I-projectif tel que $\varprojlim{}^{(n)} M_\alpha \neq 0$ pour tout $n > 0$. M_α est aussi un espace vectoriel sur k, donc la remarque 1.10 montre qu'il existe pour tout corps k un I-système projectif d'spaces vectoriels M_α sur k tel que $\varprojlim{}^{(n)} M_\alpha \neq 0$ pour tout $n > 0$. Puisque tout anneau commutatif R admet un R-homomorphisme sur un corps convenable k, la démonstration de la proposition 6.1 est achevée en appliquant encore la remarque 1.10.

Si l'on remplace l'ensemble I dans la démonstration ci-dessus par un ensemble totalement ordonné qui n'admet aucun sous-ensemble cofinal de puissance au plus $\aleph_{k-1}$, on obtient de la même facon (tenant compte du corollaire 3.2).

Proposition 6.2. Soient I un ensemble totalement ordonné et R un anneau commutatif quelconque, et k un entier. Alors $\varprojlim^{(k+1)} M_\alpha = 0$ pour tout I-système projectif de R-modules M_α si et seulement si I admet un sous-ensemble cofinal de puissance $\leqq \aleph_{k-1}$.

Vu les définitions au §3 il est naturel d'introduire la dimension cohomologique d'un ensemble I à coefficients dans la catégorie des R-modules, notée $\mathrm{dhc}_R(I)$, comme le plus petit entier n tel que $\varprojlim^{(k)} M_\alpha = 0$ pour tout k > n et tout système I-projectif de R-modules M_α. La proposition peut donc être exprimée comme suit.

Proposition 6.2*. Pour un ensemble totalement ordonné I on a: $\mathrm{dhc}_R(I) \leqq n$ si et seulement si I admet un sous-ensemble cofinal de puissance $\leq \aleph_{n-1}$.

Remarque. En utilisant sa théorie des catégories B. Mitchell a récomment démontré que la proposition 6.2 (ou 6.2*) est vraie pour tout anneau R, non nécessairement commutatif.

Si l'on utilise le fait qu'il existe un anneau factoriel R (même un anneau des polynômes) de puissance $\aleph_k$ tel que le corps des fractions en tant que R-module ait la dimension projective k+1, la démonstration de la proposition 6.2 donne lieu au résultat suivant.

Proposition 6.3. Soit I un ensemble de puissance $\aleph_k$. Si $\mathcal{M}(I)$ est l'ensemble des parties finies de I, ordonné par inclusion, alors pour tout anneau commutatif R on a $\mathrm{dch}_R(\mathcal{M}(I)) = k+1$.

Nous terminons ce paragraphe en donnant une application de la proposition 6.2 à la dimension flasque d'un ensemble totalement ordonné.

<u>Théorème 6.4.</u> Soient I un ensemble (infinie) totalement ordonné et k un entier. La dimension flasque de I, dim.fl.(I), est $\leq$ k+1, si et seulement si tout ouvert $U \subset I$ admet un sous-ensemble cofinal de puissance $\leq \aleph_{k-1}$.

<u>Démonstration.</u> Vu le théorème 3.4 il suffit de prouver "seulement si". Supposons qu'il existe un ouvert $U \subset I$ qui ne contient aucun sous-ensemble cofinal de puissance $\leq \aleph_{k-1}$. À l'aide du lemme du Zorn on voit que U (étant un ensemble totalement ordonné) contient un sous-ensemble cofinal bien ordonné U'. L'hypothèse concernant U implique que la puissance de U' est $\geq \aleph_k$. Puisque $U \subset I$ on en conclut que I contient un sous-ensemble $J = J' \cup \{\mu\}$, $\mu \notin J'$, où J' en tant qu'ensemble ordonné est isomorphe au plus petit ordinal de puissance $\aleph_k$ et $\mu > \alpha$ pour tout $\alpha \in J'$.

Prouvons d'abord que dim.fl(J) > k+1. D'après la proposition 6.2 la dimension cohomologique de J' est k+1. Donc il existe un J'-système projectif $\{A_\alpha\}$ pour lequel $\varprojlim_{J'}^{(k+1)} A_\alpha \neq 0$.

Soit $\{A_\alpha\}$, $\alpha \in J$ un J-système projectif, dont la restriction à J' est $\{A_\alpha\}$, $\alpha \in J'$. Considérons des suites exactes

$$0 \to \{A_\alpha\} \to \{F_\alpha^o\} \to \dots \to \{F_\alpha^{k-1}\} \to \{X_\alpha^k\} \to 0$$

$$0 \to \{X_\alpha^k\} \to \{F_\alpha^k\} \to \{X_\alpha^{k+1}\} \to 0$$

de J-systèmes projectifs, où $\{F_\alpha^o\},\dots,\{F_\alpha^k\}$ sont flasques. Nous affirmons que $\{X_\alpha^{k+1}\}$ n'est pas J-flasque. En effet, si ceci était le cas, l'application canonique $X_\mu^{k+1} \to \varprojlim_{J'} X_\alpha^{k+1}$ serait surjective, ce qui, compte tenu du diagramme commutatif

$$\begin{array}{ccccc}
F^k_\mu & \to & \varprojlim_{J'} F^k_\alpha & \to & 0 \\
\downarrow & & \downarrow \varphi & & \\
X^{k+1}_\mu & \to & \varprojlim_{J'} X^{k+1}_\alpha & \to & 0 \\
\downarrow & & & & \\
0 & & & &
\end{array}$$

entraînerait φ serait surjectif.

Or en considérant les restrictions à J' on voit que $\varprojlim_{J'}^{(1)} X^k_\alpha \simeq \varprojlim^{(k+1)} A_\alpha \neq 0$. Par conséquent, la suite exacte

$$\varprojlim_{J'} F^k_\alpha \xrightarrow[\varphi]{} \varprojlim_{J'} X^{k+1}_\alpha \to \varprojlim_{J'}^{(1)} X^k_\alpha \to \varprojlim_{J'}^{(1)} F^k_\alpha = 0$$

est incompatible avec la surjectivité de φ.

Prouvons maintenant que dim.fl.(I) $>$ k+1. Puisque I est totalement ordonné le J-système projectif que l'on obtient par restriction d'un I-système projectif est flasque lui-même. Donc il suffit de montrer que tout J-système projectif $\{A_\alpha\}$ est restriction d'un I-système projectif convenable.

Si $\alpha \in I$ nous posons $I_\alpha = \{\beta \in I \mid \beta \leqq \alpha\}$ et $B_\alpha = \varprojlim_{J \cap I_\alpha} A_\alpha$.

Avec les applications évidentes (restrictions) les B_α forment un I-système projectif, dont la restriction à J est le J-système projectif donné.

C.Q.F.D.

Contrairement à ce qui est le cas pour les espaces qui apparaissent dans la topologie "classique" (par exemple espaces totalement paracompacts) on voit que la différence dim.fl.(I) - dch(I) pour un ensemble totalement ordonné I peut être aussi grande que l'on veut.

Nous ne savons pas s'il y a des résultats analogues pour la dimension flasque d'un ensemble f.à.d. mais non totalement ordonné.

§7. Des conditions topologiques pour l'annulation de $\varprojlim^{(i)}$

Au paragraphe précédent nous avons vu qu'il existe pour tout anneau R un ensemble ordonné I et un I-système projectif de R-modules M_α tel que $\varprojlim^{(i)} M_\alpha \neq 0$ pour tout $i > 0$, et au §3 nous avons donné des conditions sur l'ensemble d'indices I, qui garantissent que $\varprojlim^{(i)} M_\alpha = 0$ pour i suffisament grand. Dans ce paragraphe nous donnerons des conditions topologique pour les modules M_α, qui entraînent que $\varprojlim^{(i)} M_\alpha$ s'annule pour tout ensemble d'indices f.à.d. I.

Il est bien connu que $\varprojlim^{(i)} M_\alpha = 0$ pour tout système projectif de modules artiniens M_α. Dans [23] on a démontré que $\varprojlim^{(i)} M_\alpha = 0$ pour tout $i > 0$, si les modules M_α satisfont de plus à certaines conditions supplémentaires. Ici nous allons prouver en général que $\varprojlim^{(i)} M_\alpha = 0$ pour tout système projectif de modules artiniens M_α et tout $i > 0$. Dans ce but il se trouve commode (et même nécessaire) d'établir un résultat plus général, où entrent des notions topologiques.

Soient R un anneau (non nécessairement commutatif) et M un R-module à gauche. Rappelons qu'une topologie sur M est dite linéaire si elle est invariante par translation et si 0 admet un système fondamental de voisinages qui sont des sous-modules de M. Une topologie linéaire définit sur M une structure de R-module topologique lorsque l'on munit R de la topologie discrète. On dit qu'un module linéairement topologisé est linéairement compact s'il est séparé (c.-à.-d. un espace de Hausdorff) et si l'on a $\bigcap_\alpha A_\alpha \neq \emptyset$ pour toute famille $\{A_\alpha\}$ de variétés linéaires affines fermées, dont toute sous-famille finie a une intersection non vide.

Évidemment tout module artinien est linéairement compact pour la topologie discrète.

Citons ici des résultats bien connus [8] sur les modules linéairement compacts dont nous aurons besoin dans ce qui suit.

Proposition A. Un sous-module N d'un module linéairement compact M est linéairement compact si et seulement si N est fermé dans M.

Proposition B. Si M est un module linéairement compact, f une application linéaire continue de M dans un module linéairement topologisé séparé N, alors f(M) est un sous-module linéairement compact de N.

Proposition C. Si N est un sous-module fermé d'un module linéairement compact M, alors M/N est linéairement compact.

Proposition D. Tout produit de modules linéairement compacts est linéairement compact (pour la topologie produit).

Nous démontrons maintenant

Théorème 7.1. Soient R un anneau quelconque (non nécessairement commutatif) et $\{M_\alpha, f_{\alpha\beta}\}$ un système projectif de R-modules linéairement compacts et d'applications linéaires continues. Alors $\varprojlim^{(i)} M_\alpha = 0$ pour tout $i > 0$.

Corollaire 7.2. Pour tout anneau R et tout système projectif $\{M_\alpha, f_{\alpha\beta}\}$ de R-modules artiniens et de R-homomorphismes, on a $\varprojlim^{(i)} M_\alpha = 0$ pour tout $i > 0$.

Démonstration du théorème 7.1. Considérons le plongement "canonique" (proposition 1.1) du système projectif $\{M_\alpha, f_{\alpha\beta}\}$ dans un système flasque

$$0 \to \{M_\alpha\} \underset{\{u_\alpha\}}{\to} \{B_\alpha\} \underset{\{v_\alpha\}}{\to} \{B_\alpha/M_\alpha\} \to 0 \qquad (1)$$

où $\{B_\alpha\} = \{ \prod_{\alpha_0 \leq \alpha} M_{\alpha_0} \}$ est le système projectif avec les projections $p_{\alpha\beta}$ évidentes et $u_\alpha(m_\alpha)$ est l'élément de B_α, dont la α_o ième coordonnée est $f_{\alpha_o\alpha}(m_\alpha)$. Les modules B_α/M_α forment un système projectif avec les applications induites par les $p_{\alpha\beta}$.

Puisque les modules M_α sont linéairement compacts, il en est de même des B_α (proposition D). Les applications $f_{\alpha\beta}$ sont continues, donc u_α, v_α, $p_{\alpha\beta}$, et les applications du système $\{B_\alpha/M_\alpha\}$ sont continues. D'après les propositions A et B $u_\alpha(M_\alpha)$ est fermé dans B_α, et ensuite la proposition C entraîne que B_α/M_α est linéairement compact.

Prouvons maintenant le théorème par récurrence sur i. Pour i = 1 on a une suite exacte

$$0 \to \varprojlim M_\alpha \to \varprojlim B_\alpha \xrightarrow[\varprojlim v_\alpha]{} \varprojlim B_\alpha/M_\alpha \to \varprojlim{}^{(1)} M_\alpha \to \varprojlim{}^{(1)} B_\alpha = 0,$$

où le dernier module est nul, parce que $\{B_\alpha\}$ est flasque (théorème 1.8). Donc l'assertion $\varprojlim{}^{(1)} M_\alpha = 0$ équivaut à la surjectivité de $\varprojlim v_\alpha$.

Pour démontrer que $\varprojlim v_\alpha$ est surjectif considérons un élément $\{c_\alpha\}$ de $\varprojlim B_\alpha/M_\alpha$. Choisissons pour tout α un élément $b_\alpha \in B_\alpha$ tel que $v_\alpha(b_\alpha) = c_\alpha$. Soit X_α la variété linéaire affine fermée $b_\alpha + u_\alpha(M_\alpha)$ de B_α. Comme $\{c_\alpha\}$ est un élément de $\varprojlim B_\alpha/M_\alpha$ on conclut que $b_\alpha - p_{\alpha\beta} b_\beta \in \operatorname{Ker} v_\alpha = u_\alpha M_\alpha$. Donc, les applications $p_{\alpha\beta}$ induisent des applications affines, $\bar{p}_{\alpha\beta}$, de X_β dans X_α. Pour tout α soit $\mathcal{S}_\alpha$ l'ensemble des varietés linéaires affines fermées de X_α et la partie vide. Alors toute intersection d'ensembles de $\mathcal{S}_\alpha$ appartient à $\mathcal{S}_\alpha$, et puisque B_α est linéairement compact, toute famille de parties de $\mathcal{S}_\alpha$ a une intersection non vide si toute sous-famille finie a une intersection non vide. De plus, les propositions A et B montrent que l'on a pour tout couple d'indices $\alpha \leq \beta$ et tout

$x_\alpha \in X_\alpha$: $(\bar{p}_{\alpha\beta})^{-1}(x_\alpha) \in \mathcal{S}_\beta$ et pour tout $Y_\beta \in \mathcal{S}_\beta$ $\bar{p}_{\alpha\beta}(v_\beta)$ $\in \mathcal{S}_\alpha$.

Alors le théorème 1 [5] p. 138 entraîne que $\varprojlim X_\alpha$ est non vide. Soit $\{x_\alpha\}$ un élément de $\varprojlim X_\alpha$. Ici x_α appartient à B_α, $x_\alpha = p_{\alpha\beta}x_\beta$ pour tout couple d'indices $\alpha \leqq \beta$, et $v_\alpha(x_\alpha)$ $= c_\alpha$. Par conséquent, $\{x_\alpha\}$ est un élément de $\varprojlim B_\alpha$ tel que $(\varprojlim v_\alpha)\ \{x_\alpha\} = \{c_\alpha\}$, ce qui prouve la surjectivité de $\varprojlim v_\alpha$.

Soit maintenant i > 1 et supposons déjà démontré que $\varprojlim^{(i-1)} N_\alpha = 0$ pour tout système projectif formé de modules linéairement compacts N_α et applications linéaires continues. À partir de (1) nous obtenons une suite exacte:

$$\varprojlim{}^{(i-1)}(B_\alpha/M_\alpha) \to \varprojlim{}^{(i)} M_\alpha \to \varprojlim{}^{(i)} B_\alpha \qquad (2)$$

$\{B_\alpha\}$ est un système flasque, par suite $\varprojlim^{(i)} B_\alpha = 0$. Comme nous avons noté au début de cette démonstration les modules B_α/M_α forment un système projectif de modules linéairement compacts et d'applications linéaires continues. Par l' hypothèse de récurrence appliquée au système $\{B_\alpha/M_\alpha\}$ on obtient $\varprojlim^{(i-1)}(B_\alpha/M_\alpha) = 0$, et la suite exacte (2) montre que $\varprojlim^{(i)} M_\alpha$ $= 0$.

C.Q.F.D.

Remarque. Le corollaire 7.2 répond à une question de Roos [45; p. 219] traduite en langage des categories. De même le théorème 7.1 s'étend aux modules algébriquement linéairement compacts au sens d'Oberst [39].

Le théorème 7.1 a un analogue pour des groupes compacts, qui peut être démontré par la même méthode:

Théorème 7.3. Pour tout système projectif $\{G_\alpha, f_{\alpha\beta}\}$ de groupes abéliens compacts et d'homomorphismes continues on a $\varprojlim^{(i)} G_\alpha = 0$ pour tout i > 0.

Nous allons donner des applications des théorèmes ci-dessus en théorie des modules. Mais d'abord il est commode de formuler un lemme dont nous aurons besoin.

Lemme 7.4. Soient R un anneau commutatif et A et B deux R-modules libres ayont les bases $\{a_\alpha\}$, $\alpha \in I$ et $\{b_\beta\}$, $\beta \in J$ et φ un R-homomorphisme de A dans B. Si M est un R-module linéairement compact, alors $\mathrm{Hom}_R(A,M) \simeq M^I$ et $\mathrm{Hom}_R(B,M) \simeq M^J$ sont linéairement compacts et l'application ψ de $\mathrm{Hom}_R(B,M)$ dans $\mathrm{Hom}_R(A,M)$ induite par φ est continue.

Démonstration. D'après la proposition D nous n'avons que prouver la dernière assertion du lemme. Pour tout $\alpha \in I$ soit $\varphi(a_\alpha) = \sum_\beta r_{\alpha\beta} b_\beta$ où les $r_{\alpha\beta}$ sont nuls sauf pour un nombre fini d'indices β. Si v est un homomorphisme de B dans M, alors

$$\psi v(a_\alpha) = v(\varphi(a_\alpha)) = v(\sum_\beta r_{\alpha\beta} b_\beta) = \sum_\beta r_{\alpha\beta} v(b_\beta) \tag{3}$$

Les isomorphismes canoniques de $\mathrm{Hom}_R(A,M)$ dans M^I, resp. de $\mathrm{Hom}_R(B,M)$ dans M^J sont données par:

$$u \to \{u(a_\alpha)\}, \quad \alpha \in I, \ u \in \mathrm{Hom}_R(A,M)$$

resp. $$v \to \{v(b_\beta)\}, \quad \beta \in J, \ v \in \mathrm{Hom}_R(B,M).$$

Si l'on considère ψ comme une application de M^J dans M^I et si pr_α désigne la projection de M^I sur la $\alpha^{\text{ième}}$ coordonnée (3) montre que l'on a

$$pr_\alpha \ \psi\{m_\beta\} = \sum_\beta r_{\alpha\beta} m_\beta .$$

Le fait que M est linéairement topologisé implique que $pr_\alpha \psi$ est continue pour tout α, par suite, [5 ; prop. 1 p. 48] ψ est une application continue.

Théorème 7.5. Soient R un anneau commutatif et $\{M_\alpha, f_{\alpha\beta}\}$ un système projectif de R-modules linéairement compacts et d'applications linéaires continues. Alors on a pour les dimensions injectives:

$$\text{inj.dim}_R(\varprojlim M_\alpha) \leq \sup_\alpha \{\text{inj.dim}_R M_\alpha\}.$$

<u>Corollaire 7.6.</u> Soient R un anneau commutatif et $\{M_\alpha, f_{\alpha\beta}\}$ un système projectif de R-modules artiniens et de R-homomorphismes. Alors on a pour les dimensions injectives:

$$\text{inj.dim}_R(\varprojlim M_\alpha) \leq \sup_\alpha \{\text{inj.dim}_R M_\alpha\}.$$

<u>Démonstration du théorème 7.5.</u> Si l'on suppose que $\text{inj.dim}_R M_\alpha \leq n$ pour tout α, il faut démontrer que $\text{inj.dim}_R(\varprojlim M_\alpha) \leq n$. Soient A un R-module quelconque et

$$\ldots \to F_t \to \ldots \to F_o \to A \to 0$$

une résolution de R-modules libres. Cette résolution donne lieu à un complexe de systèmes projectifs

$$\ldots \to \{\text{Hom}_R(F_t, M_\alpha)\} \xrightarrow[\{d_\alpha^t\}]{} \{\text{Hom}_R(F_{t+1}, M_\alpha)\} \to \ldots \qquad (4)$$

Les applications du systèmes projectif $\{\text{Hom}_R(F_t, M_\alpha)\}$ sont continues comme elles sont des "produits" d'applications continues, compte tenu de l'isomorphisme canonique $\text{Hom}_R(F_t, M_\alpha) \simeq M_\alpha^c$, c étant la puissance d'une base de F_t. En vertu du lemme 7.4. les applications linéaires d_α^t sont continues. Tous les modules dans (4) sont linéairement compacts, donc les propositions A, B et C montrent qu'il en est de même des modules de cohomologie $\text{Ext}_R^t(A, M_\alpha)$ qui, pour tout t, forment un système projectif avec des applications continues. Par conséquent, le théorème 7.1 entraîne

$$\varprojlim^{(i)} \text{Ext}_R^t(A, M_\alpha) = 0, \quad i > 0. \qquad (5)$$

Utilisons maintenant les suites spectrales du théorème 4.3 données par

$$E_2^{\prime\, p,q} = \varprojlim^{(p)} \mathrm{Ext}_R^q(A, M_\alpha)$$

et

$$E_2^{\prime\prime\, p,q} = \mathrm{Ext}_R^p(A, \varprojlim^{(q)} M_\alpha)$$

ayant les mêmes limites.

Le théorème 7.1 et (5) impliquent que les suites spectrales dégénèrent en des isomorphismes

$$\varprojlim \mathrm{Ext}_R^t(A, M_\alpha) \simeq \mathrm{Ext}_R^t(A, \varprojlim M_\alpha) \qquad (6)$$

Pour $t = n+1$, $\mathrm{Ext}_R^t(A, M_\alpha) = 0$ pour tout α, parce que $\mathrm{inj.dim}_R M_\alpha \leq n$; alors (6) montre que $\mathrm{Ext}_R^{n+1}(A, \varprojlim M_\alpha) = 0$. Ici A est un R-module quelconque, d'où le théorème.

Remarque. Bien entendu, les conditions topologiques du théorème 7.5 sont essentielles. Il se peut que tous les modules M_α soient injectifs sans que $\varprojlim M_\alpha$ le soit. Par example, si $R = \mathbb{Z}$ les modules injectifs sont exactement les groupes abéliens divisibles. Soit A la somme directe d'une famille dénombrable d'exemplaires du groupe divisible $Z(2^\infty)$. Désignons par j_n l'injection canonique de $\mathbb{Z}(2^\infty)$ sur la $n^{\text{ième}}$ coordonnée dans A. Soit B_n le sous-groupe de A formé d'éléments $j_1 a + 2 j_n a$, $a \in \mathbb{Z}(2^\infty)$ et posons $C_n = \sum_{p \geq n} B_p$. Alors les groupes C_n, $n=1,2,\ldots$ forment une suite décroissante de groupes divisibles, dont l'intersection $D = \bigcap_n C_n$ n'est pas divisible; en effet D est un groupe cyclique d'ordre 2.

Signalons encore une application du théorème 7.1 et son corollaire aux dimensions faibles des modules linéairement compacts.

Théorème 7.7. Soient R un anneau commutatif et cohérent, et $\{A_\alpha, f_{\alpha\beta}\}$ un système projectif de R-modules linéairement compacts A_α et de R-homomorphismes continues $f_{\alpha\beta}$. Alors on a pour les dimensions faibles

$$w.dh_R(\varprojlim A_\alpha) \leq \sup_\alpha \{w.dh_R(A_\alpha)\}.$$

Démonstration. Tout R-module M de présentation finie a une resolution projective de R-modules de type fini, puisque R est cohérent. D'après le théorème 4.4 il existent deux suites spectrales données par

$$E_2'^{\,p,q} = \varprojlim{}^{(p)} \mathrm{Tor}^R_{-q}(M, A_\alpha)$$

et

$$E_2''^{\,p,q} = \mathrm{Tor}^R_{-p}(M, \varprojlim{}^{(q)} A_\alpha)$$

avec les mêmes limites.

Comme dans la démonstration du théorème 7.5 on voit que, pour tout q, $\{\mathrm{Tor}^R_{-q}(M, A_\alpha), \mathrm{Tor}^R_{-q}(1_M, f_{\alpha\beta})\}$ forment un système projectif de R-modules linéairement compacts et de R-homomorphismes continues. Par suite le théorème 7.1 implique que les suites spectrales dégénèrent en des isomorphismes

$$\varprojlim \mathrm{Tor}^R_n(M, A_\alpha) \simeq \mathrm{Tor}^R_n(M, \varprojlim A_\alpha).$$

Ceci achève la démonstration, compte tenu du fait général que $w.dh_R(A) \leq n$ si et seulement si $\mathrm{Tor}^R_{n+1}(M, A) = 0$ pour tout R-module de présentation finie M.

Corollaire 7.8. Soient R un anneau commutatif et cohérent, et $\{A_\alpha, f_{\alpha\beta}\}$ un système projectif de R-modules artiniens et de R-homomorphismes. Alors $w.dh_R(\varprojlim A_\alpha) \leq \sup_\alpha \{w.dh_R(A_\alpha)\}$.

Avec les méthodes du théorème 7.7 on obtient le resultat suivant, dont une démonstration se trouve dans [23] *)

*) La démonstration de [23] ne marche que dans le cas commutatif. J'ignore si le résultat est vrai dans le cas non-commutatif.

Théorème 7.9. Soit R un anneau commutatif et linéairement compact (en tant que R-module). Les conditions suivantes sont équivalentes:

1) R est cohérent

2) Pour tout système projectif de R-modules projectifs de type fini A_α, $\varprojlim A_\alpha$ est plat

3) Pour tout R-module plat A, le dual $\mathrm{Hom}_R(A,R)$ est plat.

Au §2 (théorème 2.5) nous avons vu que les groupes $\mathrm{Ext}^1_{\mathbb{Z}}(M,\mathbb{Z})$, M abélien dénombrable sans torsion sont les mêmes que ceux de la forme $\varprojlim^{(1)} A_n$ pour un système projectif de groupes abéliens de type fini A_n, avec les entiers comme l'ensemble d'indices.

Avec les résultats dont nous disposons maintenant on démontre facilement la généralisation suivante

Proposition 7.10. Les groupes de la forme $\mathrm{Ext}^1_{\mathbb{Z}}(M,\mathbb{Z})$, M abélien sans torsion, sont les mêmes que ceux de la forme $\varprojlim_I^{(1)} A_\alpha$ pour un système projectif de groupes abéliens de type fini A_α, où I est f.à.d.

Démonstration. Tout groupe sans torsion M est réunion filtrante de ses sousgroupes de type fini M_α, qui sont libres. Donc M peut s'écrire $M = \varinjlim_\alpha M_\alpha$. En vertu de la suite spectrale

$$E_2^{p,q} = \varprojlim^{(p)} \mathrm{Ext}^q_{\mathbb{Z}}(M_\alpha,\mathbb{Z}) \underset{p}{\Rightarrow} \mathrm{Ext}^n_{\mathbb{Z}}(\varinjlim M_\alpha,\mathbb{Z}) = \mathrm{Ext}^n_{\mathbb{Z}}(M,Z)$$

on obtient $\mathrm{Ext}^1_{\mathbb{Z}}(M,\mathbb{Z}) \simeq \varprojlim^{(1)} \mathrm{Hom}(M_\alpha,\mathbb{Z})$, où $A_\alpha = \mathrm{Hom}_Z(M_\alpha,\mathbb{Z})$ est libre de type fini. Donc $\mathrm{Ext}^1_{\mathbb{Z}}(M,\mathbb{Z})$ a la forme demandée.

D'autre part si $\{A_\alpha\}$, $\alpha \in I$ forment un système projectif de groupes de type fini, on a une suite exacte de systèmes projectifs

$$0 \to \{(A_\alpha)_T\} \to \{A_\alpha\} \to \{A_\alpha/(A_\alpha)_T\} \to 0,$$

où $(A_\alpha)_T$, le sous-groupe de torsion de A_α, est un groupe fini, en particulier artinien. D'après le corollaire 7.2 $\varprojlim^{(i)}(A_\alpha)_T = 0$ pour $i > 0$. De la suite exacte des foncteurs $\varprojlim^{(i)}$:

$$0 = \varprojlim^{(1)}(A_\alpha)_T \to \varprojlim^{(1)} A_\alpha \underset{\varphi}{\to} \varprojlim^{(1)} A_\alpha/(A_\alpha)_T \to \varprojlim^{(2)}(A_\alpha)_T = 0$$

nous concluons que φ est un isomorphisme. $L_\alpha = A_\alpha/(A_\alpha)_T$ est un groupe abélien libre de type fini. Les groupes $L_\alpha^* = \mathrm{Hom}(L_\alpha, \mathbb{Z})$ forment un système inductif de groupes libres de type fini. En utilisant la suite spectrale citée ci-dessus on obtient que

$$\varprojlim^{(1)} A_\alpha = \varprojlim^{(1)} L_\alpha \simeq \mathrm{Ext}^1_{\mathbb{Z}}(\varinjlim L_\alpha^*, Z)$$

où $\varinjlim L_\alpha^*$ est sans torsion. Ceci termine la démonstration.

<u>Remarque.</u> La démonstration ci-dessus montre que $\varprojlim^{(i)} A_\alpha = 0$ pour tout $i \geq 2$ (cf. §9).

Au §2 (Corollaire 2.8) nous avons vu que les groupes décrits dans la proposition 7.10 (avec M, ou bien I dénombrable) admettent une topologie pour laquelle ils sont des groupes compacts. Jusqu'à présent nous ne savons pas si ceci est vrai dans le cas général. Sous ce rapport nous n'avons que le résultat "negatif" suivant:

<u>Proposition 7.11.</u> Il n'existe aucune topologie canonique pour laquelle les groupes décrits dans la proposition 7.10 sont des groupes compacts, c.-à.-d. d'une telle facon que les homomorphismes $\mathrm{Ext}(M, \mathbb{Z}) \to \mathrm{Ext}(M', \mathbb{Z})$ induits par les homomorphismes de M' dans M soient continus.

Prouvons d'abord le lemme suivant

<u>Lemme 7.12.</u> Pour tout système projectif de groupes abéliens $\{A_\alpha, f_{\alpha\beta}\}$ il existe un système projectif de groupes abéliens

libres $\{F_\alpha, u_{\alpha\beta}\}$ et un homomorphisme surjectif $\{d_\alpha\}$ de $\{F_\alpha, u_{\alpha\beta}\}$ dans $\{A_\alpha, f_{\alpha\beta}\}$.

Démonstration. Pour tout α il existe un groupe libre L_α et un homomorphisme surjectif g_α de L_α dans A_α. Soient $F_\alpha = \sum_{\alpha\leqq\gamma} \oplus L_\gamma$ et, pour tout couple $\alpha \leqq \beta$, $u_{\alpha\beta}$ l'injection canonique de F_β dans F_α. Alors $\{F_\alpha, u_{\alpha\beta}\}$ est un systeme projectif de groupes libres. Définissons une application d_α de F_α dans A_α en posant $d_\alpha(\sum_{\alpha\leqq\gamma_i} l_{\gamma_i}) = \sum_{\gamma_i} f_{\alpha\gamma_i} g_{\gamma_i}(l_{\gamma_i})$, où $l_{\gamma_i} \in L_{\gamma_i}$. Évidemment d_α est surjectif et $d_\alpha u_{\alpha\beta} = f_{\alpha\beta} d_\beta$ pour tout couple $\alpha \leqq \beta$. Donc $\{d_\alpha\}$ est une application surjective du système $\{F_\alpha, u_{\alpha\beta}\}$ dans $\{A_\alpha, f_{\alpha\beta}\}$.

Revenons maintenant à la

Démonstration de la proposition 7.11. En vertu de la proposition 6.2 il existent un ensemble totalement ordonné I de puissance $\aleph_2$ et un I-système projectif de groupes abéliens $\{A_\alpha\}$ tel que $\varprojlim^{(3)} A_\alpha \neq 0$. D'après le lemme précédent on a une suite exacte de I-systèmes projectifs

$$0 \to \{K_\alpha\} \to \{F_\alpha\} \xrightarrow[\{d_\alpha\}]{} \{A_\alpha\} \to 0 \tag{7}$$

où les F_α sont des groupes libres et les K_α, les noyaux de d_α, en tant que sous-groupes de groupes libres, sont libres eux-mêmes. (7) donne lieu à une suite exacte

$$\varprojlim^{(3)} F_\alpha \to \varprojlim^{(3)} A_\alpha \to \varprojlim^{(4)} K_\alpha .$$

$$\varprojlim^{(3)} A_3 \neq 0 \text{ implique que } \varprojlim^{(3)} F_\alpha \neq 0 \text{ ou } \varprojlim^{(4)} K_\alpha \neq 0 .$$

Comme il suit de la démonstration du lemme 7.12 on peut supposer que les groupes K_α et F_α sont de puissance $\leqq \aleph_2$. Nous utilisons maintenant un résultat de Specker et Zeemann [48, 53] selon lequel il y a un isomorphisme canonique

$$\mathrm{Hom}_{Z}(\mathrm{Hom}_{Z}(F,\hat{Z}),\ \hat{Z}) \simeq F \tag{8}$$

pour tout groupe abélien libre F de puissance $\leq$ le plus petit cardinal de mesure non zéro. Rappelons ici que l'on dit qu'un ensemble $\mathcal{M}$ est de mesure non zéro, s'il existe une σ-mesure ne s'annulant pas identiquement, ne prenant que les valeurs 0 et 1, s'annulant pour les ensembles finis et définie pour chaque sous-ensemble de $\mathcal{M}$. (Jusqu'à présent on ne sait pas s'il existe un cardinal de mesure non-zéro, mais si un tel existe, il n'est pas inférieur au premier aleph inaccessible [51]). $\aleph_2$ est accessible, par suite les groupes F_α et K_α, qui entrent dans (7), satisfont à la reflexivité (8).

Les groupes $\mathrm{Hom}_{Z}(F_\alpha,\hat{Z})$ forment un système inductif et l'on a la suite spectrale

$$E_2^{p,q} = \varprojlim{}^{(p)} \mathrm{Ext}_Z^q(\mathrm{Hom}_Z(F_\alpha,\hat{Z}),\hat{Z}) \underset{p}{\Rightarrow} \mathrm{Ext}_Z^n(\varinjlim \mathrm{Hom}_Z(F_\alpha,\hat{Z}),\hat{Z}).$$

Les groupes $\mathrm{Hom}_Z(F_\alpha,\hat{Z})$ sont sans torsion (des produits complets d'exemplaires de $\hat{Z}$). Supposons que les groupes $\mathrm{Ext}_Z^1(\mathrm{Hom}_Z(F_\alpha,\hat{Z}),\hat{Z})$ étaient compact pour une topologie canonique. Alors il résulterait du théorème 7.3 que $E_2^{p,q} = 0$ si $p \geq 1$ et $q \geq 1$. Pour la limite H^n de la suite spectrale on a $H^n = 0$ pour $n \geq 2$.

En utilisant la théorie des suites spectrales, en particulier que $E_{r+1}^{p,q}$ est le groupe de cohomologie de la suite:

$$E_r^{p-r,q+r-1} \to E_r^{p,q} \to E_r^{p+r,q-r+1}$$

on obtient facilement que $E_2^{p,0} = \varprojlim{}^{(p)}\mathrm{Hom}_Z(\mathrm{Hom}_Z(F_\alpha,\hat{Z}),\hat{Z}) = \varprojlim{}^{(p)}F_\alpha = 0$ pour tout $p \geq 3$ et la même conclusion pour $\varprojlim{}^{(p)}K_\alpha$. Ceci contredit le fait que $\varprojlim{}^{(3)}F_\alpha \neq 0$ ou $\varprojlim{}^{(4)}K_\alpha \neq 0$.

§8. Applications aux anneaux et modules complets

À l'aide des résultats du paragraphe précédent nous allons établir la caractérisation suivante des anneaux complets parmi les anneaux noethériens.

Théorème 8.1. Soit R un anneau commutatif et noethérien. Les conditions suivantes sont équivalentes.

1) $\varprojlim^{(i)} A_\alpha = 0$ pour tout système projectif de R-modules de type fini A_α et tout $i > 0$.

2) $\varprojlim^{(1)} A_\alpha$ est de type dénombrable pour tout système projectif de R-modules de type fini A_α, dont l'ensemble d' indices est dénombrable.

3) $\varprojlim^{(1)} L_\alpha = 0$ pour tout système projectif de R-modules libres de type fini L_α, dont l'ensemble d'indices est dénombrable.

4) R est produit fini d'anneaux locaux complets.

5) $\mathrm{Ext}^i_R(A,M) = 0$ pour tout R-module plat A et tout R-module de type fini M et tout $i > 0$.

6) $\mathrm{Ext}^1_R(A,R)$ est de type dénombrable pour tout R-module plat de type dénombrable A.

7) $\mathrm{Ext}^1_R(R^N/R^{(N)},R) = 0$, où $R^N/R^{(N)}$ est le quotient du produit direct d'une famille dénombrable d'exemplaires de R par rapport à la somme directe correspondante.

Démonstration. Les implications 1) ⇒ 2), 1) ⇒ 3) et 5) ⇒ 6) sont claires, donc il suffira de démontrer 2) ⇒ 6), 6) ⇒ 3), 3) ⇒ 4), 4) ⇒ 1), 1) ⇒ 5), 5) ⇒ 7) et 7) ⇒ 4).

2) ⇒ 6). Soit A un R-module plat de type dénombrable. D'après un resultat de D. Lazard [29] A est limite inductive de R-modules libres de type fini L_α, et puisque A est de type dénombrable on peut supposer que l'ensemble d'indices est dénom-

brable. Il resulte de la suite spectrale

$$E_2^{p,q} = \varprojlim^{(p)} \mathrm{Ext}_R^q(L_\alpha,R) \underset{p}{\Rightarrow} \mathrm{Ext}_R^n(A,R)$$

que $\mathrm{Ext}^1(A,R) \simeq \varprojlim^{(1)} \mathrm{Hom}_R(L_\alpha,R)$, qui selon (2) est de type dénombrable.

6) ⇒ 3). Si $\{L_\alpha\}$ est un système projectif de R-modules libres de type fini, dont l'ensemble d'indices est dénombrable, on obtient comme plus haut que

$$\varprojlim^{(1)} L_\alpha \simeq \mathrm{Ext}_R^1(\varinjlim \mathrm{Hom}_R(L_\alpha,R),R).$$

Ici $A \simeq \varinjlim \mathrm{Hom}_R(L_\alpha,R)$ est un R-module plat de type dénombrable. La somme directe d'une famille dénombrable d'exemplaires de A, $A^{(N)}$ est un R-module plat de type dénombrable, donc selon la condition 6) on aura que le R-module

$$\mathrm{Ext}_R^1(A^{(N)},R) \simeq (\mathrm{Ext}_R^1(A,R))^N$$

est de type dénombrable. En utilisant un argument bien connu (ou un lemme de Tarski [50]) ceci implique que $\varprojlim^{(1)} L_\alpha \simeq \mathrm{Ext}_R^1(A,R) = 0$.

3) ⇒ 4). Soit $\mathfrak{m}$ un idéal maximal de R. Choisissons pour tout entier $n \geq 1$ un R-module libre L_n et un R-homomorphisme surjectif u_n: $L_n \to \mathfrak{m}^n$. Puisque L_n est projectif il existe un homomorphisme f_{n+1}: $L_{n+1} \to L_n$ tel que $i_{n+1}u_{n+1} = u_n f_{n+1}$ où i_{n+1} est l'injection canonique de $\mathfrak{m}^{n+1}$ dans $\mathfrak{m}^n$. Alors $\{L_n,f_n\}$ forment un système projectif avec les entiers $\mathbb{N}$ comme l'ensemble d'indices, et $\{u_n\}$ est un homomorphisme surjectif du système projectif $\{L_n,f_n\}$ sur le système projectif formé des puissances $\mathfrak{m}^n$ et leurs injections canoniques.

Donc nous obtenons une suite exacte de systèmes projectifs

$$0 \to \{K_n\} \to \{L_n\} \to \{\mathfrak{m}^n\} \to 0$$

où K_n est le noyau de u_n. On en déduit la suite exacte

$$\varprojlim^{(1)} L_n \to \varprojlim^{(1)} \mathfrak{m}^n \to \varprojlim^{(2)} K_n .$$

Selon 3) $\varprojlim^{(1)} L_n = 0$, et puisque $\mathbb{N}$ est l'ensemble d'indices $\varprojlim^{(2)} K_n = 0$ (théorème 2.2). Par suite $\varprojlim^{(1)} \mathfrak{m}^n = 0$.

De même on a une suite exacte de systèmes projectifs

$$0 \to \{\mathfrak{m}^n\} \to R \to \{R/\mathfrak{m}^n\} \to 0$$

avec les applications évidentes, et par conséquent nous aurons la suite exacte

$$R = \varprojlim R \to \varprojlim R/\mathfrak{m}^n \to \varprojlim^{(1)} \mathfrak{m}^n = 0.$$

Donc l'homomorphisme canonique de R dans son complété $\mathfrak{m}$-adique $\hat{R} = \varprojlim R/\mathfrak{m}^n$ est surjectif. Autrement dit $\hat{R}$ est un R-module monogène, en particulier, $\hat{R}$ est un R-module de presentation finie. De plus, le complété est un R-module plat [8 ; théorème 3, p.68] et par conséquent [7 ; Corollaire 2, p.140] un R-module projectif. Donc $\hat{R}$ est facteur direct de R, et l'on a une décomposition $R = \hat{R} \oplus R_1$.

Si $R_1 = 0$ la démonstration est terminée; sinon R est un anneau vérifiant la condition 3) et l'on aura une décomposition $R_1 = \hat{R}_1 \oplus R_2$. Si $R_2 \neq 0$ on peut répéter le procédé ci-dessus. Puisque R est noethérien ce procédé doit s'arrêter et nous arrivons à une décomposition finie

$$R = \hat{R} \oplus \hat{R}_1 \oplus \dots \oplus \hat{R}_n$$

où chaque facteur est un anneau local complet.

4) $\to$ 1). Si J est le radical de Jacobson de R tout R-module de type fini M est complet pour la topologie J-adique et donc, en tant que limite projective de R-modules artiniens, M est linéairement compact. Tout R-homomorphisme entre des R-modules de type fini est automatiquement continu pour la topologie J-adique.

Donc, l'assertion 1) est une conséquence immédiate du théorème 7.1.

1) ⇒ 5). Tout R-module plat A est limite inductive de R-modules libres de type fini $\{L_\alpha\}$, $A = \varinjlim L_\alpha$, et l'on obtient comme plus haut à l'aide de la suite spectrale du théorème 4.2.

$$\mathrm{Ext}^i_R(A,M) \simeq \varprojlim{}^{(i)} \mathrm{Hom}_R(L_\alpha, M) \qquad i > 0$$

et il ne reste plus qu'à observer que les modules $\mathrm{Hom}_R(L_\alpha, M)$ sont de type fini.

5) ⇒ 7). D'après un résultat de Chase [11] le R-module $R^{\hat{N}}$ est plat. Le quotient $R^N/R^{(N)}$ est limite du système inductif $\{R^{\hat{N}}, f_n\}$ avec $\hat{N}$ comme l'ensemble d'indices et les applications définies par

$$f_n(r_1,\ldots,r_n,r_{n+1},\ldots) = (0,\ldots,0,r_{n+1},\ldots)$$

Étant limite inductive de R-modules plats, $R^{\hat{N}}/R^{(\hat{N})}$ est plat lui-même et l'implication 5) ⇒ 7) est évidente.

7) ⇒ 4). Nous allons démontrer que l'application canonique $\kappa: R \to \varprojlim R/\mathfrak{a}^n$ est surjective pour tout idéal $\mathfrak{a}$ de R. Nous le prouvons par récurrence sur le nombre de générateurs de $\mathfrak{a}$.

Considérons d'abord le cas où $\mathfrak{a}$ est un idéal principal $\mathfrak{a} = Ra$. À partir de la suite exacte

$$0 \to R^{(\hat{N})} \to R^{\hat{N}} \to R^{\hat{N}}/R^{(\hat{N})} \to 0$$

nous obtenons la suite exacte

$$\mathrm{Hom}_R(R^{\hat{N}}, R) \xrightarrow[\alpha]{} \mathrm{Hom}_R(R^{(\hat{N})}, R) \to \mathrm{Ext}^1_R(R^{\hat{N}}/R^{(\hat{N})}, R) = 0,$$

c.à.d. α est surjectif. Par conséquent, pour toute suite d'éléments $\{r_n\}$ de R, il existe un R-homomorphisme g de $R^{\hat{N}}$ dans R tel que $g(e_n) = r_n$, où e_n est l'élément de $R^{\hat{N}}$, dont la $n^{\text{ième}}$ coordonnée est 1 et toute autre coordonnée est 0.

Un élément quelconque ξ de $\varprojlim R/Ra^n$ peut être représenté par une suite de la forme:

$$(r_o, r_o+r_1a, \dots, r_o+r_1a+\dots+r_na^n, \dots \quad).$$

En vertu de la remarque ci-dessus il s'ensuit qu'il existe un R-homomorphisme g de $R^{\mathbb{N}}$ dans R tel que $g(e_n) = 1$ pour tout n.

Soit p l'élément de $R^{\mathbb{N}}$, dont la $n^{\text{ième}}$ coordonnée est r_na^n. Nous écrivons p sous la forme

$$p = \sum_{i=o}^{n-1} r_i\, a^i e_i + a^n\, p_n, \quad p_n \in R^{\mathbb{N}},$$

et nous en concluons

$$g(p) = \sum_{i=o}^{n-1} r_i\; a^i + a^n g(p_n) \equiv \sum_{i=o}^{n-1} r_i\; a^i \quad \text{modulo } Ra^n.$$

Ceci montre que l'image de g(p) par l'application canonique κ: $R \to \varprojlim R/Ra^n$ est ξ. Donc, κ est surjectif lorsque $\mathfrak{a}$ est principal.

Supposons maintenant la surjectivité de κ démontré pour tout idéal engendré par (i-1) éléments.

Soit $\mathfrak{a}$ un idéal engendre par les i éléments $a_1, \dots, a_i$. Un élément b de $\varprojlim R/\mathfrak{a}^n$ peut être representé par une suite

$$(b_o, b_1, \dots, b_n, \dots)$$

où b_n peut s'écrire sous la forme

$$b_n = \sum_{l=o}^{n} \Big(\sum_{k=o}^{n-l} s_{k,l} \Big) a_i^{\,l}$$

où $s_{k,l}$ est un polynôme homogène sur R à $a_1, \dots, a_{i-1}$ de degré total k.

Pour tout l la suite

$$(s_{o,l}, s_{o,l} + s_{1,l}, \ldots, \sum_{\mu=o}^{\nu} s_{\mu,l}, \ldots)$$

représente un élément de $\varprojlim R/\mathfrak{r}^n$, où $\mathfrak{r}$ est l'idéal engendré par les (i-1) éléments $a_1, \ldots, a_{i-1}$. Par l'hypothèse de récurrence il existe pour tout l un élément $c_l \in R$ tel que

$$\sum_{\mu=o}^{\nu} s_{\mu,l} \equiv c_l \quad \text{modulo } \mathfrak{r}^{\nu+1} \quad \text{pour tout } \nu.$$

La suite

$$(c_o, c_o + c_1 a_i, \ldots, \sum_{l=o}^{\nu} c_l a_i^l, \ldots)$$

représente un élément de $\varprojlim R/a_i^{\nu} R$. Comme l'on a démontré plus haut il existe un élément $c \in R$ tel que

$$c \equiv \sum_{l=o}^{n} c_l a_i^l \quad \text{modulo } Ra_i^{n+1} \text{ pour tout } n,$$

et par suite b est l'image de c par l'application canonique κ: $R \to \varprojlim R/\mathfrak{a}^n$, qui est donc surjective.

Maintenant le même argument comme dans la fin de l'implication 3) → 4) achève la démonstration.

Faisons mention du résultat suivant, analogue au théorème 8.1, qui donne une caractérisation cohomologique des modules complets. Pour simplifier nous nous restreignons à considérer le cas, où l'anneau R est local. Nous omettons la démonstration, qui n'est qu'une modification facile de celle du théorème 8.1.

Proposition 8.2. Soient R un anneau noethérien local d'idéal maximal $\mathfrak{m}$ et M un R-module de type fini. Les conditions suivantes sont équivalentes:

1) M est complet pour la topologie $\mathfrak{m}$-adique.
2) $\mathrm{Ext}_R^i(A,M) = 0$ pour tout R-module plat A et tout $i > 0$

3) $\mathrm{Ext}^1_R(A,M) = 0$ pour tout R-module plat de type dénombrable A.

4) $\mathrm{Ext}^1_R(R^{\mathbb{N}}/R^{(\mathbb{N})},M) = 0$.

Dans cet ordre d'indées il est naturel d'établir le rapport avec les modules de Whitehead. À propos d'un problème classique des groupes abéliens un R-module M est appelé un module de Whitehead si $\mathrm{Ext}^1_R(M,R) = 0$. Le théorème 8.1 exprime qu'un anneau noethérien et commutatif R est produit d'anneaux locaux complets si et seulement si tout module plat est un module de Whitehead. Ici on peut se demander quels sont les anneaux pour lesquels les modules plats sont exactement les modules de Whitehead. Tenant compte d'un résultat général de Lenzing [30] un anneau est héréditaire si tout module de Whitehead est plat. Donc le théorème 8.1 entraîne:

<u>Proposition 8.3.</u> Pour un anneau commutatif et noethérien R les conditions suivantes sont équivalentes:

1) Les modules de Whitehead sont exactement les modules plats.
2) R est produit fini d'anneaux de valuation discrète complets.

Donnons encore un résultat analogue où l'on considère les modules sans torsion.

<u>Proposition 8.4.</u> Pour un anneau noethérien intègre R les conditions suivantes sont équivalentes:

1) Les modules de Whitehead sont exactement les modules sans torsion
2) R est un anneau local complet dont la dimension injective sur lui-même est ≤ 1, (c.-à.-d. de Gorenstein de dimension ≤ 1)

<u>Démonstration 1) ⇒ 2).</u> Puisque tout module plat est sans torsion

il résulte du théorème 8.1 que R est produit d'anneaux complets, et par suite, R étant intègre, R est un anneau local complet. Tout idéal $\mathfrak{a}$ de R est sans torsion, donc un module de Whitehead, et l'on aura une suite exacte:

$$0 = \mathrm{Ext}_R^1(\mathfrak{a},R) \to \mathrm{Ext}_R^2(R/\mathfrak{a},R) \to \mathrm{Ext}_R^2(R,R) = 0$$

Il s'ensuit que $\mathrm{Ext}_R^2(R/\mathfrak{a},R) = 0$ pour tout idéal $\mathfrak{a}$, et par conséquent $\mathrm{inj.dim}_R R \leq 1$.

2) ⇒ 1). Soit M un R-module sans torsion de type fini. M est sous-module d'un R-module libre L, ce qui donne naissance à une suite exacte:

$$0 = \mathrm{Ext}_R^1(L,R) \to \mathrm{Ext}_R^1(M,R) \to \mathrm{Ext}_R^2(L/M,R) = 0.$$

Tout R-module sans torsion M est réunion filtrante de ses sous-modules (sans torsion) de type fini M_α, donc $M = \varinjlim M_\alpha$.

La remarque ci-dessus, le théorème 8.1 et la suite spectrale

$$E_2^{p,q} = \varprojlim{}^{(p)} \mathrm{Ext}_R^q(M_\alpha,R) \underset{p}{\Rightarrow} \mathrm{Ext}_R^n(M,R)$$

montrent que M est un module de Whitehead.

Réciproquement, soit M un module de Whitehead. Si M n'était pas un module sans torsion, il y aurait un élément $m \in M$, $m \neq 0$, dont l'annulateur $\mathfrak{a} \neq 0$. Puisque la dimension injective de R sur lui-même est ≤ 1, tout sous-module de M, en particulier Rm est un module de Whitehead; mais d'après la théorie classique des anneaux de Gorenstein (voir §9), on a

$$\mathrm{Ext}_R^1(Rm,R) = \mathrm{Ext}_R^1(R/\mathfrak{a},R) \neq 0,$$

puisque le grade de $R/\mathfrak{a}$ est égal à 1. Donc tout module de Whitehead est sans torsion.

Finissons ce paragraphe en citant encore des conséquences du théorème 8.1 et son corollaire. En généralisant une notion introduite par Nunke [36] pour les groupes abéliens nous appelons un R-module B i-réalisable ($i > 0$) s'il existent deux R-modules C et D tels que $B = Ext_R^i(C,D)$. Dans [23] on a démontré

Théorème 8.5. Soient R un anneau noethérien local régulier de dimension n et B un R-module de type fini. Les conditions suivantes sont équivalentes:

1) B est i-réalisable pour tout i, $0 < i \leq n$.
2) B est n-réalisable.
3) B est complet pour la topologie $\mathfrak{m}$-adique, $\mathfrak{m}$ étant l'idéal maximal de R.

Démonstration. (Esquisse) L'implication 3) ⇒ 1) dépend d'une construction explicite, dont les détails se trouvent dans [23].
2) ⇒ 3). Supposons que $B = Ext_R^n(C,D)$ pour deux R-modules C et D. Il existent [10, Chap. XV] deux suites spectrales

$$E_2^{p,q} = Ext_R^p(Tor_q^R(A,C),D) \tag{1}$$

et

$$\bar{E}_2^{p,q} = Ext_R^p(A,Ext_R^q(C,D)) \tag{2}$$

avec la même limite.

Si A est un R-module plat de type dénombrable, $E_2^{p,q}$ s'annule sur la diagonale $p+q = n+1$. Donc le $(n+1)^{\text{ième}}$ groupe de cohomologie de la limite de (1), H^{n+1}, s'annule.

Considérons maintenant la suite spectrale (2). Puisque A est un module de type dénombrable il résulte de la proposition 5.3 que $dh_R(A) \leq 1$ et par conséquent $\bar{E}_2^{p,q} = 0$ pour $p \geq 2$. $\bar{E}_{r+1}^{p,q}$ est le groupe de cohomologie de la suite:

$$\tilde{E}_r^{p-r,q+r-1} \to \tilde{E}_r^{p,q} \to \tilde{E}_r^{p+r,q-r+1} \quad r = 2,3,\ldots$$

Il s'ensuit que $\tilde{E}_2^{1,n} \simeq \tilde{E}_\infty^{1,n}$; celui-ci est un sous-quotient du $(n+1)^{\text{ième}}$ groupe de cohomologie $\tilde{H}^{n+1}$ de la limite de (2). Donc $\tilde{H}^{n+1} = H^{n+1} = 0$, et par suite $\tilde{E}_2^{1,n} = 0$ ce qui signifie que

$$0 = \tilde{E}_2^{1,n} = \mathrm{Ext}_R^1(A,\mathrm{Ext}_R^n(C,D)) = \mathrm{Ext}_R^1(A,B).$$

Ceci étant pour tout module plat de type dénombrable A, la proposition 8.2 implique que B est complet.

Corollaire 8.6. Soit R un anneau noethérien intègre de dimension globale $n < \infty$. Les conditions suivantes sont équivalentes:

1) Tout R-module de type fini est i-réalisable pour tout i, $0 < i \leq n$.
2) R est n-réalisable.
3) R est un anneau local complet.

§9. Sur l'annulation de $\varprojlim^{(i)}$ pour des systèmes projectifs de modules de type fini sur un anneau noethérien

Au §7 (la remarque après la proposition 7.10) nous avons vu que $\varprojlim^{(i)} M_\alpha = 0$, $i \geq 2$, pour tout système projectif de groupes abéliens de type fini M_α.

Dans [44] Roos a démontré un résultat plus fort, c'est que pour tout anneau noethérien régulier R et tout système projectif de R-modules de type fini M_α, on a $\varprojlim^{(i)} M_\alpha = 0$ pour $i > \text{gl.dim.}R$ (= K-dim R). En appliquant des résultats de Fossum [14] **concernant** les modules **sur un anneau de Gorenstein**, plus généraux que ceux de Roos, on obtient le résultat pour l'annulation de $\varprojlim^{(i)}$ dans une situation très générale.

D'abord nous rappelons des résultats bien connus pour les anneaux de Gorenstein (Bass [4]). Soient R un anneau commutatif et noethérien et M un R-module de type fini. Une suite $f_1,\dots,f_n$ d'éléments de R est dite une suite M-regulière de longueur n, si pour tout $i = 1,\dots,n$, f_i n'est pas diviseur de zéro dans $M/(f_0M+\dots+f_{i-1}M)$, où l'on a posé $f_0 = 0$.

Proposition 9.1. Soient $M \neq 0$ un R-module de type fini, et $\mathfrak{a}$ l'annulateur de M. Alors les conditions suivantes sont équivalentes:

(i) $\text{Ext}^i_R(R/\mathfrak{a},M) = 0$ pour $0 \leq i \leq n-1$

(ii) Il existe une suite M-régulière de longueur n contenue dans $\mathfrak{a}$.

Définition. Avec les notations de la proposition 9.1 la longueur maximale g d'une suite R-régulière contenue dans $\mathfrak{a}$ est appelé le grade de M. g est le plus petit entier tel que $\text{Ext}^g_R(M,R) \neq 0$. Si $M = 0$ nous posons grade $M = \infty$.

Proposition 9.2. (Fossum [14]) Avec les notations de la proposition 9.1 il existe pour tout $i \geq 0$ un sous-module $M(i)$ et un seul tel que

(i) grade $M(i) \geq i$,

(ii) Si $M' \subseteq M$ et grade $M' \geq i$, alors $M' \subseteq M(i)$.

Théorème de Bass [4]. Soit R un anneau noethérien et commutatif. Les conditions suivantes sont équivalentes:

i) $\mathrm{Ext}^i_R(\mathrm{Ext}^j_R(M,R),R) = 0$ pour tout R-module de type fini M et tout couple $i < j$. (Autrement dit grade $\mathrm{Ext}^j_R(M,R) \geq j$)

ii) Toute localisation $R_{\mathfrak{m}}$, $\mathfrak{m}$ un idéal maximal, est de dimension injective finie sur elle-même.

Si la dimension de Krull de R est finie, ces conditions sont équivalentes à

iii) $\mathrm{inj.dim}_R R < \infty$.

Définition. Un anneau vérifiant ces conditions équivalentes est appelé un anneau de Gorenstein.

Pour établir les résultats sur $\varprojlim^{(i)}$ on aura besoin du résultat suivant

Théorème 9.3. (Fossum [14]) Soient R un anneau de Gorenstein et M un R-module de type fini. Posons $L_i(M) = \mathrm{Ext}^i_R(\mathrm{Ext}^i_R(M,R), R)$.

Alors:

a) $L_i(L_i(M)) = L_i(M)$.

b) grade $(\mathrm{Ext}^j_R(L_i(M),R)) \geq j+2$, si $j > i$.

c) $L_i(M(i)) = L_i(M)$.

d) Si grade $M \geq i$, il existe une application naturelle u de M dans L_iM pour laquelle $\mathrm{Ker}\, u = M(i+1)$ et $\mathrm{grade}(\mathrm{Coker}\, u) \geq i+2$.

Nous sommes maintenant à même de formuler et démontrer:

Théorème 9.4. Soient R un anneau de Gorenstein, dont la dimension de Krull d est finie, et $\{M_\alpha\}$ un système projectif de R-modules de type fini. Si grade $M_\alpha \geq k$ pour tout M_α, alors

$\varprojlim^{(i)} M_\alpha = 0$ pour $i > d-k$.

<u>Démonstration.</u> Prouvons le théorème par récurrence sur d-k. Si $k = d$, tous les modules M_α sont artiniens, puisque la hauteur de l'annulateur de M_α est d et par suite tout idéal premier associé à M_α est maximal. Donc, l'assertion résulte du corollaire 7.2.

Supposons maintenant le théorème démontré pour des systèmes projectifs de modules de grade $\geq k+1$ et prouvons-le pour des modules de grade $\geq k$.

La suite exacte des systèmes projectifs

$$0 \to \{M_\alpha(k+1)\} \to \{M_\alpha\} \to \{M_\alpha/M_\alpha(k+1)\} \to 0$$

donne lieu à des suites exactes

$$\varprojlim^{(i)} M_\alpha(k+1) \to \varprojlim^{(i)} M_\alpha \to \varprojlim^{(i)} M_\alpha/M_\alpha(k+1)$$

Donc, par l'hypothèse de récurrence il suffit de montrer que $\varprojlim^{(i)}(M_\alpha/M_\alpha(k+1)) = 0$ pour $i > d-k$. En vertu du théorème 9.3 d) il y a une suite exacte des systèmes projectifs

$$0 \to \{M_\alpha/M_\alpha(k+1)\} \to \{L_k(M_\alpha)\} \to \{\mathrm{Coker}(u_\alpha)\} \to 0,$$

où grade $(\mathrm{Coker}(u_\alpha)) \geq k+2$. Comme plus haut il suffira de montrer que $\varprojlim^{(i)} L_k(M_\alpha) = 0$ pour $i > d-k$.

Le théorème 4.2 donne une suite spectrale

$$E_2^{p,q} = \varprojlim^{(p)} \mathrm{Ext}_R^q(\mathrm{Ext}_R^k(L_k(M_\alpha),R),R) \underset{p}{\Rightarrow} \mathrm{Ext}_R^n(\varinjlim \mathrm{Ext}_R^k(L_k(M_\alpha),R),R)$$

Le théorème 9.3 a) montre que

$$E_2^{p,k} = \varprojlim^{(p)} L_k(M_\alpha).$$

En vertu de la définition d'un anneau de Gorenstein la condition b) du théorème 9.3 et l'hypothèse de récurrence nous obtenons:

$$E_2^{p,q} = 0, \text{ si } q < k \quad \text{et} \quad E_2^{p,q} = 0, \text{ si } p > d-q-2 \text{ et } q > k,$$

et la technique usuelle des suites spectrales donne l'isomorphisme

$$\varprojlim^{(p)} L_k(M_\alpha) \cong \mathrm{Ext}_R^{p+k}(\varinjlim \mathrm{Ext}_R^k(L_k(M_\alpha),R),R)$$

pour $p > d-k$. R étant un anneau de Gorenstein de dimension d, on a $\mathrm{inj.dim}_R R = d$, et donc $\varprojlim^{(p)} L_k(M_\alpha)$ s'annule pour $p > d-k$.

C.F.Q.D.

<u>Théorème 9.5.</u> Soit S un anneau quotient d'un anneau de Gorenstein R de dimension finie. Si n est la dimension de Krull de S et $\{M_\alpha\}$ un système projectif de S-modules de type fini, alors $\varprojlim^{(i)} M_\alpha = 0$ pour $i > n$.

<u>Démonstration.</u> S est de la forme $R/\mathfrak{a}$ pour un idéal convenable $\mathfrak{a}$ de R. Soient d la dimension de Krull de R et h la hauteur de $\mathfrak{a}$ (c.-à.-d. la hauteur minimale des idéaux premiers associés à $\mathfrak{a}$). Pour tout idéal premier P de R on a: hauteur de P + dimension de Krull de R/P = d, (puisque R est en particulier un anneau de Cohen-Macaulay). Ceci signifie que h+n = d.

Tout S-module M peut être considéré comme un R-module. Puisque l'annulateur du R-module M contient $\mathfrak{a}$, le grade du R-module M est $\geq$ h. Vu la remarque 1.10 en calculant $\varprojlim^{(i)} M_\alpha$ on peut considérer les modules M_α comme des R-modules. Puisque $\mathrm{grade}_R M \geq h$ le théorème précédent entraîne que $\varprojlim^{(i)} M_\alpha$ s'annule pour $i > d-h = n$.

C.Q.F.D.

Tout anneau des polynômes $K[X_1,\dots,X_n]$ sur un corps K est de Gorenstein, donc tous les anneaux apparaissant "en pratique" dans la géométrie algébrique sont du type décrit dans le théorème 9.5.

Bien sûr, il existent des anneaux qui ne sont pas quotients

d'anneaux de Gorenstein (par exemple, les anneaux non caténaires); mais pour des raisons differentes il est plausible que l'assertion du théorème 9.5 est vraie pour tout anneau noethérien. Jusqu'ici nous ne l'avons pu démontrer qu'en des cas particuliers en dehors des quotients d'anneaux de Gorenstein. Donnons un résultat de cette espèce.

Théorème 9.6. Soit R un anneau noethérien local, dont la dimension de Krull est 1. Alors $\varprojlim^{(i)} M_\alpha = 0$, $i \geq 2$, pour tout système projectif $\{M_\alpha\}$ de R-modules de type fini.

Démonstration. M_α étant noethérien il existe un (et un seul) sous-module artinien maximal M'_α tel que M_α/M'_α ne contienne aucun sous-module artinien $\neq 0$. Ainsi, nous obtenons une suite exacte de systèmes projectifs

$$0 \to \{M'_\alpha\} \to \{M_\alpha\} \to \{M_\alpha/M'_\alpha\} \to 0$$

et donc pour $\nu \geq 2$

$$\varprojlim^{(\nu)} M'_\alpha \to \varprojlim^{(\nu)} M_\alpha \to \varprojlim^{(\nu)}(M_\alpha/M'_\alpha) \to \varprojlim^{(\nu+1)} M'_\alpha .$$

Tenant compte du corollaire 7.2 le premier et le dernier terme s'annulent. Par conséquent il suffit de prouver l'assertion du théorème 9.6 pour les systèmes projectifs, où M_α ne contient aucun sous-module artinien $\neq 0$.

Cette condition pour M_α signifie que tout idéal premier de R associé à M_α est minimal. Si P_i, $1 \leq i \leq n$, désigne les idéaux premiers minimaux de R, l'application évidente g_α

$$M_\alpha \underset{g_\alpha}{\to} \prod_{i=1}^{n} M_\alpha \otimes_R R_{P_i}$$

est donc injective. Soit C_α le conoyau de g_α, tel que l'on ait une suite exacte

$$0 \to M_\alpha \underset{g_\alpha}{\to} \prod_{i=1}^{n} M_\alpha \otimes_R R_{P_i} \to C_\alpha \to 0 \qquad (1)$$

Nous remarquons que:

$$R_{P_i} \otimes_R R_{P_j} = \begin{cases} R_{P_i} & \text{si } i = j \\ 0 & \text{si } i \neq j. \end{cases}$$

(Pour démontrer la dernière assertion on utilise qu'il existent des éléments $s_i \notin P_i$, $s_j \notin P_j$ tels que $s_i s_j = 0$ lorsque $i \neq j$).

Si nous localisons (1) dans P_i nous en déduisons que $(C_\alpha)_{P_i} = 0$ pour tout idéal premier minimal P_i. Nous affirmons que C_α est artinien. On sait que l'idéal maximal $\mathfrak{m}$ de R est le seul idéal premier du support du C_α; par suite $\mathfrak{m}$ est le seul idéal premier associé à C_α (Voir Bourbaki [8] Ex. 10, p.169). En vertu d'un résultat de Matlis [33] il donc suffira de prouver que le socle de C_α est de type fini.

Puisque $\mathfrak{m}$ est le seul idéal maximal de R, il s'ensuit que le socle d'un R-module B peut être obtenu comme $\mathrm{Hom}_R(R/\mathfrak{m}, B)$. Le socle de $\prod_{i=1}^{n} M \otimes R_{P_i}$ est zéro, donc la suite exacte pour $\mathrm{Ext}_R(R/\mathfrak{m}, -)$ appliquée à (1) donne

$$0 = \mathrm{Hom}_R(R/\mathfrak{m}, \prod_{i=1}^{n} M_\alpha \otimes_R R_{P_i}) \to \mathrm{Hom}_R(R/\mathfrak{m}, C_\alpha) \to \mathrm{Ext}^1_R(R/\mathfrak{m}, M_\alpha).$$

Ce dernier module est de type fini, donc il en est de même de $\mathrm{Hom}_R(R/\mathfrak{m}, C_\alpha)$. Le résultat du Matlis implique que C_α est artinien, et donc d'après le corollaire 7.2 $\varprojlim^{(\nu)} C_\alpha = 0$ pour tout $\nu > 0$.

Considéré comme un R_{P_i}-module, $M_\alpha \otimes_R R_{P_i}$ est artinien. Le corollaire 7.2 et la remarque 1.10 montrent que $\varprojlim^{(\nu)}(M_\alpha \otimes_R R_{P_i}) = 0$ pour tout $\nu > 0$. Si l'on regarde (1) comme une suite exacte de systèmes projectifs on obtient

$$\varprojlim^{(\nu-1)} C_\alpha \to \varprojlim^{(\nu)} M_\alpha \to \varprojlim^{(\nu)} (M_\alpha \otimes_R R_{P_i}).$$

Il en résulte que $\varprojlim^{(\nu)} M_\alpha = 0$ pour $\nu \geq 2$.

C.Q.F.D.

Les conditions suffisantes du théorème 9.5 pour l'annulation de $\varprojlim^{(i)} M_\alpha$ sont loin d'être nécessaires (Voir par exemple théorème 8.1). Nous donnons des résultats ulterieurs à ce sujet. D'abord citons des résultats bien connus sur dualité dont nous aurons besoin:

Soient R un anneau noethérien commutatif et M un R-module de type fini. Si M^* désigne le dual $\mathrm{Hom}_R(M,R)$ on a un homomorphisme canonique σ de M dans M^{**}

$$\sigma: M \to M^{**}$$

défini par $\sigma(m)[f] = f(m)$, où $m \in M$, $f \in M^*$.

Nous aurons besoin de la proposition suivante bien connue:

<u>Proposition 9.7.</u> Avec les notations ci-dessus les deux conditions suivantes sont équivalentes pour le module M:

1) M est sous-module d'un R-module libre de type fini

2) σ est une application injective.

<u>Définition.</u> Un module (de type fini) vérifiant ces conditions équivalentes est appelé un module sans torsion ("torsionless").

<u>Remarque 1.</u> Si R est intègre cette définition est d'accord avec la définition ordinaire.

<u>Remarque 2.</u> Pour un module sans torsion M le plongement dans un module libre de type fini, décrit dans la proposition 9.6 1) n' est pas, en général, naturelle. Cependant l'application évidente

$$M \underset{\tau}{\to} R^{\mathrm{Hom}_R(M,R)} = P$$

est une injection naturelle de M dans un produit d'exemplaires de R. Puisque R est noethérien, en particulier cohérent, P est un R-module plat.

<u>Remarque 3.</u> Si R est un anneau de Gorenstein l'application σ de la proposition 9.7 et l'application u, décrite dans le théorème 9.3 d) pour $i = 0$, coïncident.

Après ces remarques préparatoires nous pouvons démontrer

<u>Théorème 9.8.</u> Soit R un anneau de Gorenstein de dimension d. Si la puissance de R est $\aleph_k$, alors pour tout système projectif de R-modules de type fini $\{M_\alpha\}$, $\varprojlim^{(i)} M_\alpha = 0$ pour $i \geq \mathrm{Max}(d,k+2)$.

<u>Démonstration.</u> Nous considérons la suite exacte de systèmes projectifs

$$0 \to \{M_\alpha(1)\} \to \{M_\alpha\} \to \{M_\alpha/M_\alpha(1)\} \to 0.$$

En vertu du théorème 9.4 on sait que $\varprojlim^{(i)} M_\alpha(1) = 0$ pour $i \geq d$. La suite exacte

$$0 \to \varprojlim^{(i)} M_\alpha(1) \to \varprojlim^{(i)} M_\alpha \to \varprojlim^{(i)}(M_\alpha/M_\alpha(1)) \to \varprojlim^{(i+1)} M_\alpha(1)$$

montre que

$$\varprojlim^{(i)} M_\alpha \simeq \varprojlim^{(i)}(M_\alpha/M_\alpha(1)) \quad \text{pour } i \geq d \tag{2}$$

Le théorème 9.3 a) donne encore une suite exacte

$$0 \to M_\alpha/M_\alpha(1) \to M_\alpha^{**} \to C_\alpha \to 0$$

où grade $C_\alpha \geq 2$. En vertu de la suite

$$\varprojlim^{(i-1)} C_\alpha \to \varprojlim^{(i)}(M_\alpha/M_\alpha(1)) \to \varprojlim^{(i)} M_\alpha^{**} \to \varprojlim^{(i)} C_\alpha$$

et du théorème 9.4 on voit que

$$\varprojlim^{(i)}(M_\alpha/M_\alpha(1)) \simeq \varprojlim^{(i)} M_\alpha^{**} \quad \text{pour } i \geq s.$$

À cause de (2) il faut démontrer que $\varprojlim^{(i)} M_\alpha^{**}$ s'annule pour $i \geq \nu = \mathrm{Max}(d,k+2)$. Puisque M_α est de présentation finie il existe une suite exacte

$$K_\alpha \xrightarrow[g_\alpha]{} L_\alpha \xrightarrow[f_\alpha]{} M_\alpha \to 0$$

où L_α et K_α sont libres de type fini. Par dualisation on obtient

$$0 \to M_\alpha^* \xrightarrow[f_\alpha^*]{} L_\alpha^* \xrightarrow[g_\alpha^*]{} K_\alpha^* \to A_\alpha \to 0 \tag{3}$$

où $A_\alpha = \mathrm{Coker}\ g_\alpha^*$.

En particulier M_α^* est sans torsion; donc M_α^* admet un plongement naturel τ_α dans un R-module plat P_α (d'après la remarque 3). Les modules M_α^* forment un système inductif et donc les modules P_α, de la remarque 3, forment aussi un système inductif.

Considérons la suite exacte

$$0 \to \varinjlim M_\alpha^* \xrightarrow[\varinjlim \tau_\alpha]{} \varinjlim P_\alpha \to C_\alpha \to 0 \tag{4}$$

où C_α est le conoyau de $\varinjlim \tau_\alpha$. $\varinjlim P_\alpha$ est un R-module plat. R étant de puissance $\aleph_k$ le théorème 5.8 dit que $dh_R(\varinjlim P_\alpha) \leq k+1$, en particulier $\mathrm{Ext}_R^i(\varinjlim P_\alpha, R) = 0$ pour $i \geq k+2$.

(4) donne naissance à la suite exacte

$$\mathrm{Ext}_R^i(\varinjlim P_\alpha, R) \to \mathrm{Ext}_R^i(\varinjlim M_\alpha^*, R) \to \mathrm{Ext}_R^{i+1}(C_\alpha, R).$$

Puisque $\mathrm{inj.dim}_R R = d$ on a $\mathrm{Ext}_R^{i+1}(C_\alpha, R) = 0$ pour $i \geq d$. Donc

$$\mathrm{Ext}_R^i(\varinjlim M_\alpha^*, R) = 0 \quad \text{pour } i \geq \nu = \mathrm{Max}(d,k+2) \tag{5}$$

Utilisons maintenant la suite spectrale

$$E_2^{p,q} = \varprojlim{}^{(p)} \mathrm{Ext}_R^q(M_\alpha^*, R) \underset{p}{\Rightarrow} \mathrm{Ext}_R^n(\varinjlim M_\alpha^*, R).$$

La suite exacte des foncteurs $\mathrm{Ext}_R(-,R)$ appliquée à (3) nous donne:

$$\mathrm{Ext}_R^i(M_\alpha^*, R) \simeq \mathrm{Ext}_R^{i+2}(A_\alpha, R).$$

Selon la définition d'un anneau de Gorenstein il s'ensuit que grade $\mathrm{Ext}^i_R(M^*_\alpha,R) \geq i+2$. $E^{p,o}_{r+1}$ est le groupe de cohomologie de

$$E_r^{p-r,r-1} \to E_r^{p,o} \to E_r^{p+r,1-r}$$

Tenant compte de la remarque ci-dessus et du théorème 9.4, la technique usuelle des suites spectrales montre que

$$E_2^{p,o} = \varprojlim{}^{(p)} M^{**}_\alpha = \mathrm{Ext}^p_R(\varinjlim M^*_\alpha,R) \quad \text{pour } p \geq \nu$$

En vertu de (5) on obtient $\varprojlim{}^{(p)} M^{**}_\alpha = 0$ pour $p \geq \nu$ ce qui achève la démonstration.

Il y a encore une classe d'anneaux R pour lesquels $\varprojlim{}^{(i)}$ s'annule pour i $\geq$ la dimension de Krull de R. D'abord rappelons-nous des résultats dans [15] concernant la dualité pour des modules "larges", qui généralisent ceux de Specker [48] et Zeeman [53]. Un anneau R est appelé totalement réflexif si tout R-module libre de type dénombrable L est réflexif, c.-à.-d. l'application canonique de L dans $L^{**} = \mathrm{Hom}_R(\mathrm{Hom}_R(L,R))$ est un isomorphisme; dans ce cas, pour tout ensemble d'indices I du cardinal < le plus petit cardinal mesurable (voir §7) on a un isomorphisme $(R^I)^* \simeq R^{(I)}$. L'exemple classique d'un anneau totalement réflexif est l'anneau des entiers ou plus général tout anneau principal ayant un nombre infini d'idéaux maximaux. Si R est totalement réflexif, il en est de même de tout anneau de polynômes sur R.

Proposition 9.9. Soient R un anneau totalement réflexif de dimension injective d sur lui-même et $\{P_\alpha\}$ un système projectif de R-modules, où tout P_α a la forme R^I, le cardinal de I étant non-mesurable. Alors $\varprojlim{}^{(i)} P_\alpha = 0$ pour tout $i > d$.

Démonstration. Les modules P_α^* forment un système inductif pour lequel on a la suite spectrale

$$E_2^{p,q} = \varprojlim^{(p)} \mathrm{Ext}_R^q(P_\alpha^*, R) \underset{p}{\Rightarrow} \mathrm{Ext}_R^n(\varinjlim P_\alpha^*, R).$$

P_α^* est libre pour tout α, donc $E_2^{p,q} = 0$ si $q > 0$. Par conséquent la suite spectrale dégénère en l'isomorphisme

$$\varprojlim^{(n)} P_\alpha = \varprojlim^{(n)} \mathrm{Hom}_R(P_\alpha^*, R) \simeq \mathrm{Ext}_R^n(\varinjlim P_\alpha^*, R),$$

où l'on a utilisé la réflexivité de P_α. Cet isomorphisme montre que $\varprojlim^{(n)} P_\alpha = 0$ pour $n > d$.

Proposition 9.10. Soit R un anneau contenant un sous-anneau totalement réflexif S de sorte que R considéré comme un S-module soit de la forme S^I, le cardinal de I étant non-mesurable. Si d est la dimension injective de S sur lui-même, alors $\mathrm{Ext}_R^i(A,R) = 0$ pour tout R-module plat A et tout $i > d$.

Démonstration. Écrivons A comme limite inductive de R-modules libres de type fini L_α, $A = \varinjlim L_\alpha$. Pour tout α le dual L_α^* est de la forme S^I, I non-mesurable; donc il ne reste plus qu'à appliquer la suite spectrale

$$E_2^{p,q} = \varprojlim^{(p)} \mathrm{Ext}_R^q(L_\alpha, R) \underset{p}{\Rightarrow} \mathrm{Ext}_R^n(A,R)$$

et la proposition précédente.

Nous sommes maintenant à même d'établir

Théorème 9.11. Soient S un anneau totalement réflexif et de Gorenstein de dimension d et R l'anneau de séries formelles $R = S[[X_1,\dots,X_m]]$. Si $\{M_\alpha\}$ est un système projectif de R-modules de type fini, alors $\varprojlim^{(i)} M_\alpha = 0$ pour $i \geq d+m$ (= la dimension de Krull de R).

Démonstration. En utilisant les résultats de Bass [4] nous

remarquons tout d'abord que (par récurrence sur m) que R est un anneau de Gorenstein de dimension d+m. Ensuite, de même que dans la démonstration du théorème 9.8 il suffit de démontrer que $\varprojlim^{(i)} M_\alpha^{**} = 0$ pour $i \geqq d+m$. Encore en répétant les calculations de cette démonstration-là on est ramené à prouver que $\mathrm{Ext}_R^n(A,R) = 0$ pour $n \geqq d+m$ et tout R-module plat A. Mais ceci n'est qu'un cas particulier de la proposition 9.10.

Indiquons des conséquences de ces résultats.

Proposition 9.12. Soient S un anneau principal et R l'anneau de séries formelles $R = S[[X_1,\dots,X_m]]$. Alors

1) $\varprojlim^{(i)} M_\alpha = 0$ pour tout système projectif $\{M_\alpha\}$ de R-modules de type fini et tout $i \geqq m+1$.

2) $\mathrm{Ext}_R^i(A,R) = 0$, $i \geqq 2$, pour tout R-module plat A.

Démonstration. De même comme plus haut l'assertion 2) implique 1). Dans le cas où S a un nombre infini d'idéaux maximaux et par suite est un anneau totalement réflexif, 2) est une conséquence immédiate de la proposition 9.10. Si S est semi-local, nous démontrons 2) dans une forme équivalente, c'est que $\varprojlim^{(i)} L_\alpha = 0$, $i \geqq 2$, pour tout système projectif de R-modules libres de type fini L_α. Dans ce cas K/S est un S-module artinien, où K désigne le corps des fractions de S. À partir de la suite exacte

$$0 \to S[[X_1,\dots,X_m]] \to K[[X_1,\dots,X_m]] \to K[[X_1,\dots,X_m]]/S[[X_1\dots X_m]] \to 0$$

nous obtenons pour tout L_α une suite exacte:

$$0 \to L_\alpha = R \otimes_R L_\alpha \to K[[X_1,\dots,X_m]] \otimes_R L_\alpha \to (K[[X_1,\dots,X_m]]/R) \otimes_R L_\alpha = C_\alpha \to 0, \quad (6)$$

où le dernier module C_α, en tant que S-module est isomorphe à un produit complet d'exemplaires du S-module artinien K/S et donc linéairement compact pour la topologie produit. Les C_α forment un système projectif, et l'on voit facilement que les applications qui y interviennent, seront continues. Alors le théorème 7.1 entraîne que $\varprojlim^{(i)} C_\alpha = 0$ pour $i > 0$.

De même les $K[[X_1,\dots X_m]] \otimes_R L_\alpha$ forment un système projectif de modules de type fini sur l'anneau local complet $K[[X_1,\dots,X_m]]$. Donc en vertu du théorème 8.1 nous concluons que $\varprojlim^{(i)}(K[[X_1,\dots,X_m]] \otimes_R L_\alpha) = 0$ pour $i > 0$. En considérant (6) comme une suite exacte de systèmes projectifs nous obtenons $\varprojlim^{(i)} L_\alpha = 0$ à l'aide de la suite exacte usuelle des foncteurs $\varprojlim^{(i)}$.

Le corollaire suivant n'est qu'un cas particulier du théorème 9.11.

Corollaire 9.13. Soient K un corps quelconque, S l'anneau de polynômes $S = K[Y_1,\dots,Y_d]$, R l'anneau de séries formelles $R = S[[X_1,\dots,X_m]] = K[Y_1,\dots,Y_d][[X_1,\dots,X_m]]$. Alors pour tout système projectif de R-modules de type fini M_α, on a $\varprojlim^{(i)} M_\alpha = 0$ pour $i \geq d+m$.

En ce qui concerne la structure de $\varprojlim^{(i)} M_\alpha$ nous n'avons que des résultats fragmentaires, que nous formulons dans le théorème suivant

Théorème 9.14. Soient R un anneau local de Gorenstein de dimension $d > 0$ et $\{M_\alpha\}$ un système projectif de R-modules de type fini. Alors $\varprojlim^{(d)} M_\alpha$ n'est de type fini que s'il est zéro. Si R est de puissance $\aleph_t$ et $d \geq t+2$, alors $\varprojlim^{(d-1)} M_\alpha$ n'est de type fini que s'il est zéro.

Démonstration. Soit x un élément non-diviseur de zéro, appartenant a l'idéal maximal $\mathfrak{m}$ de R. En vertu des théorèmes 9.5 et 9.8 les suites spectrales données par:

$$E_2^{p,q} = \varprojlim^{(p)} \mathrm{Ext}_R^q(R/(x), M_\alpha) \quad \text{et} \quad \bar{E}_2^{p,q} = \mathrm{Ext}_R^p(R/(x), \varprojlim^{(q)} M_\alpha)$$

et ayant la même limite, dégénèrent en des isomorphismes:

$$\mathrm{Ext}^1_R(R/(x),\varprojlim^{(d)} M_\alpha) \cong \varprojlim^{(d)} \mathrm{Ext}^1_R(R/(x),M_\alpha) \tag{7}$$

$$\mathrm{Ext}^1_R(R/(x),\varprojlim^{(d-1)} M_\alpha) \cong \varprojlim^{(d-1)} \mathrm{Ext}^1_R(R/(x),M_\alpha),\ d \geq t+2 \tag{8}$$

Les $\mathrm{Ext}^1_R(R/(x),M_\alpha) = M_\alpha/xM_\alpha$ forment un système projectif de $R/(x)$-modules de type fini. X étant un non-diviseur de zéro, $R/(x)$ est un anneau de Gorenstein de dimension d-1, donc $\varprojlim^{(d)}$ s'annule. Alors (7) entraîne que $\varprojlim^{(d)} M_\alpha = x \varprojlim^{(d)} M_\alpha$. Vu le lemme de Nakayama $\varprojlim^{(d)}$ n'est de type que s'il est zéro.

En ce qui concerne l'assertion pour les anneaux de puissance $\aleph_t$ nous remarquons comme plus haut que les $\mathrm{Ext}^1_R(R/(x),M_\alpha)$ $= M_\alpha/xM_\alpha$ forment un système projectif de $R/(x)$-modules de type fini sur l'anneau de Gorenstein $R/(x)$ de dimension (d-1). Donc, d'après la première partie du théorème, $\varprojlim^{(d-1)} M_\alpha/xM_\alpha$ n'est de type fini que s'il est zéro. Si $\varprojlim^{(d-1)} M_\alpha/xM_\alpha$ n'est pas de type fini, l'isomorphisme (8) montre que $\varprojlim^{(d-1)} M_\alpha$ n'est pas de type fini non plus. Si $\varprojlim^{(d-1)} M_\alpha/xM_\alpha$ est zéro, (8) montre que $\varprojlim^{(d-1)} M_\alpha = x \varprojlim^{(d-1)} M_\alpha$ et le lemme de Nakayama implique que $\varprojlim^{(d-1)} M_\alpha$ n'est de type fini que s'il est zéro.

Remarque. Il se peut, même pour un anneau principal local que $\varprojlim^{(1)} M_\alpha$ soit $\neq 0$ et de type dénombrable, voir la remarque 3 dans §2.

Dans §8 nous avons vu plusieurs caractérisations des anneaux complèts. Établissons ici, pour les anneaux intègres de Gorenstein de dimension 1 une caractérisation, en termes des systèmes projectifs, des anneaux non-complets.

Tout d'abord, rappelons des notions, introduites par Laudal [28] en vue de leurs applications dans la cohomologie locale pour les espaces topologiques localement compacts.

Définition. Le système projectif $\{M_\alpha, f_{\alpha\beta}\}$ ayant I (ordonné f.à.d.) comme l'ensemble d'indices sera dit essentiellement zéro si pour tout $\alpha \in I$ il existe un $\beta \in I$, $\beta > \alpha$ tel que $\mathrm{Im} f_{\alpha\beta} = 0$.

Définition. Le système projectif $\{M_\alpha, f_{\alpha\beta}\}$ ayant I (ordonné f.à.d.) comme l'ensemble d'indices sera dit stable si pour tout $\alpha \in I$ il existe un $\beta \in I$, $\beta > \alpha$ tel que $\mathrm{Im} f_{\alpha\gamma} = \mathrm{Im} f_{\beta\gamma}$ pour tout $\gamma > \beta$.

Comme prouvé par Laudal [28] $\underleftarrow{\lim}^{(i)} M_\alpha = 0$ pour tout $i \geq 0$ si $\{M_\alpha, f_{\alpha\beta}\}$ est un système essentiellement zéro. De plus, $\underleftarrow{\lim}^{(i)} M_\alpha = 0$ pour $i \geq 1$ si $\{M_\alpha, f_{\alpha\beta}\}$ est un système projectif stable ayant les entiers $\mathbb{N}$ comme l'ensemble d'indices. En utilisant les méthodes dans [28] et celles du §3 on peut démontrer que $\underleftarrow{\lim}^{(i)} M_\alpha = 0$ pour tout $i \geq k+1$ si $\{M_\alpha, f_{\alpha\beta}\}$ est un système projectif stable, dont l'ensemble d'indices admet un sous-ensemble cofinal de puissance $\aleph_k$.

En général, un système projectif $\{M_\alpha, f_{\alpha\beta}\}$ pour lequel $\underleftarrow{\lim}^{(i)} M_\alpha = 0$, $i \geq 0$, n'est pas essentiellement zéro, et $\underleftarrow{\lim}^{(i)} M_\alpha = 0$, $i > 0$, pour un système projectif ayant les entiers comme l'ensemble d'indices, n'entraîne pas que celui-ci est un système stable.

Cependant on déduit de [5] p.138 (de facon analogue à la démonstration du théorème 7.1) le résultat suivant.

Proposition 9.15. Un système projectif $\{M_\alpha, f_{\alpha\beta}\}$ de modules artiniens est essentiellement zéro si (et seulement si) $\underleftarrow{\lim}\, M_\alpha = 0$.

Nous donnons maintenant une généralisation des résultats de Laudal et Roos.

Théorème 9.16. Soit R un anneau intègre de Gorenstein de dimension 1. Les conditions suivantes sont équivalentes:

(i) Tout système projectif $\{M_\alpha, f_{\alpha\beta}\}$ de R-modules de type fini est essentiellement zéro, si $\varprojlim^{(i)} M_\alpha = 0$ pour tout $i \geq 0$.

(ii) R n'est pas un anneau local complet.

<u>Démonstration.</u> <u>(i) ⇒ (ii).</u> Supposons que R est un anneau local complet. D'après le théorème 8.1, $\varprojlim^{(i)} M_\alpha = 0$ pour tout $i \geq 1$ et tout système projectif de R-modules de type fini M_α.

Si $x \neq 0$ est un élément qui appartient à l'idéal maximal de R, alors le système projectif donné par

$$R \overset{\cdot x}{\leftarrow} R \overset{\cdot x}{\leftarrow} R \overset{\cdot x}{\leftarrow} \dots$$

n'est pas essentiellement zéro, mais la limite projective et tous les dérivés sont nuls.

<u>(ii) ⇒ (i).</u> Si $(M_\alpha)_T$ désigne le sous-module de torsion de M_α, on a une suite exacte de systèmes projectifs:

$$0 \to \{(M_\alpha)_T\} \to \{M_\alpha\} \to \{N_\alpha\} \to 0$$

où l'on a posé $N_\alpha = M_\alpha/(M_\alpha)_T$. L'hypothèse que $\varprojlim^{(i)} M_\alpha = 0$, $i \geq 0$, et le fait que tout $(M_\alpha)_T$ est artinien entraînent que $\varprojlim^{(i)} (M_\alpha)_T = \varprojlim N_\alpha = 0$ pour $i \geq 0$. Alors il suffit de savoir que $\{(M_\alpha)_T\}$ et $\{N_\alpha\}$ sont essentiellement zéro. (Considérer d'abord les système $\{(M_\alpha)_T\}$ et après le système $\{N_\alpha\}$). Quant au système $\{(M_\alpha)_T\}$ l'assertion résulte de la proposition 9.15, $\{M_\alpha\}_T$ étant artinien.

N_α est sans torsion. Puisque la dimension de R est 1, on voit à l'aide du théorème 9.3 d) (ou directement) que N_α est réflexif. Les modules $N_\alpha^*(= \mathrm{Hom}_R(N_\alpha, R))$ forment avec les applications $g_{\beta\alpha} = f_{\alpha\beta}^*$ un système inductif, et l'on a la suite spectrale

$$E_2^{p,q} = \varprojlim^{(p)} \mathrm{Ext}_R^q(N_\alpha^*, R) \underset{p}{\Rightarrow} \mathrm{Ext}_R^n(\varinjlim N_\alpha^*, R).$$

Encore, puisque la dimension de R est q et le dual N_α est sans torsion, il s'ensuit que $\mathrm{Ext}_R^q(N_\alpha^*, R) = 0$ pour $q > 0$. Tenant compte du fait que $\varprojlim^{(i)} N_\alpha = 0$ et de la réflexivité des modules N_α nous obtenons au total que $E_2^{p,q} = 0$ pour tout p et tout q. Pour le module $P = \varprojlim N_\alpha^*$ nous en concluons que $\mathrm{Ext}_R^n(P,R) = 0$, $n \geqq 0$.

P est sans torsion, donc pour tout $x \neq 0$ de R, nous avons une suite exacte

$$0 \to P \xrightarrow{\cdot x} P \to P/xP \to 0$$

qui montre que $\mathrm{Ext}_R^i(P/xP,R) = 0$ pour $i \geqq 0$. Par décalage (ou une suite spectrale convenable) il s'ensuit que $\mathrm{Ext}^i_{R/(x)}(P/xP, R/(x)) = 0$ pour $i \geqq 0$. $R/(x)$ est auto-injectif (quasi-frobeniusien), donc le dual de tout module non-zéro est non-zéro. Ceci implique que $P/xP = 0$, c.-à.-d. P est un R-module divisible.

Nous affirmons que $P = 0$. Sinon P, étant sans torsion, serait somme directe d'exemplaires de Q, le corps des fractions de R. $\mathrm{Ext}_R^1(P,R) = 0$ entraîne que $\mathrm{Ext}_R^1(Q,R)$, ce qui encore implique que $\mathrm{Ext}_R^1(D,R) = 0$ pour tout R-module divisible et sans torsion D. Si A est un R-module plat quelconque il y a une suite exacte

$$0 \to A \to A \otimes_R Q \to B \to 0$$

pour un B convenable. La suite exacte des foncteurs Ext(-,R) donne

$$\mathrm{Ext}_R^1(A \otimes_R Q,R) \to \mathrm{Ext}_R^1(A,R) \to \mathrm{Ext}_R^2(B,R) \tag{9}$$

Le premier module dans (9) est nul, parce que $A \otimes_R Q$ est divisible et sans torsion, et le dernier est nul puisque $\mathrm{inj.dim}_R R = 1$. Par conséquent $\mathrm{Ext}_R^1(A,R) = 0$ pour tout R-module plat A, et le théorème 8.1 montre (R étant intègre) que R est un anneau local complet, ce qui contredit la condition (ii). Donc $P = \varprojlim N_\alpha^* = 0$.

Pour tout α N_α^* est de type fini, donc il existe un $\beta > \alpha$ tel que $g_{\beta\alpha} = f^*_{\alpha\beta} = 0$. Les modules N_α sont réflexifs; par suite $f_{\alpha\beta} = (f^*_{\alpha\beta})^* = 0$, ce qui donne le résultat voulu.

Pour les systèmes stables nous avons un résultat analogue.

Théorème 9.17. Soit R un anneau intègre de Gorenstein de dimension 1. Les conditions suivantes sont équivalentes:

(i) Tout système projectif $\{M_\alpha, f_{\alpha\beta}\}$ de R-modules de type fini est stable si $\varprojlim^{(i)} M_\alpha = 0$ pour $i > 0$ et $\mathbb{N}$ est l'ensemble d'indices.

(ii) R n'est pas un anneau local complet.

Démonstration. (i) ⇒ (ii). Exactement comme l'assertion correspondante du théorème 9.16.

(ii) ⇒ (i). Soit $\{M_\alpha, f_{\alpha\beta}\}$ un système projectif (avec $\mathbb{N}$ comme l'ensemble d'indices) de R-modules de type fini pour lequel $\varprojlim^{(i)} M_\alpha = 0$ pour $i > 0$. Posons $L = \varprojlim M_\alpha$ et p_α les projections canoniques de L dans M_α. Alors nous avons une suite exacte de systèmes projectifs

$$0 \to \{L/\mathrm{Ker}\, p_\alpha\} \underset{p_\alpha}{\to} \{M_\alpha\} \to \{M_\alpha/\mathrm{Im}\, p_\alpha\} \to 0$$

En vertu de la définition de la limite projective $\varprojlim p_\alpha$ est une surjection. Puisque $\mathbb{N}$ est l'ensemble d'indices, on trouve $\varprojlim^{(i)}(L/\mathrm{Ker}\, p_\alpha) = 0$ pour $i > 0$. Maintenant la suite exacte des foncteurs $\varprojlim^{(i)}$ montre que $\varprojlim^{(i)}(M_\alpha/\mathrm{Im}\, p_\alpha) = 0$ pour tout $i \geq 0$. Selon le théorème 9.16 $\{M_\alpha/\mathrm{Im}\, p_\alpha\}$ est donc essentiellement zéro, d'où l'on voit facilement que $\{M_\alpha\}$ est un système stable.

En ce qui concerne les questions correspondantes pour les anneaux de dimension > 1 nous n'avons que des résultats fragmentaires.

Théorème 9.18. Soit R un anneau dénombrable et local de Gorenstein. Alors tout système projectif $\{L_\alpha, f_{\alpha\beta}\}$ de R-modules libres de type fini est essentiellement zéro, si $\varprojlim^{(i)} L_\alpha = 0$ pour $i \geq 0$.

Démonstration. En utilisant le système dual $\{L_\alpha^*\}$ on est ramené à démontrer qu'un R-module plat M est nul, si $\mathrm{Ext}_R^i(M,R) = 0$ pour tout $i \geq 0$.

La preuve est faite par récurrence sur la dimension d de R. Si $d = 0$, tout R-module plat est libre, et l'assertion est évidente. Supposons l'assertion démontrée pour tout anneau dénombrable, local de Gorenstein de dimension $< d$, et considérons un anneau R de dimension d.

Soit x un élément non-diviseur de zéro, appartenant à l'idéal maximal de R. Puisque M est R-plat nous avons une suite exacte

$$0 \to M \xrightarrow{\cdot x} M \to M/xM \to 0,$$

d'où l'on voit que $\mathrm{Ext}^i_R(M/xM,R) = 0$ pour $i > 0$. Par décalage (ou une suite spectrale convenable) on en déduit que

$$\mathrm{Ext}^i_{R/(x)}(M/xM,R/(x)) = 0 \quad \text{pour tout } i \geq 0.$$

M/xM est un $R/(x)$-module plat, et $R/(x)$ est un anneau dénombrable, local de Gorenstein de dimension d-1. À cause de l'hypothèse de récurrence on en conclut que $M/xM = 0$. Donc M est divisible par tout élément non-diviseur de zéro.

Si S est la partie multiplicative des éléments non-diviseurs de zéro, alors l'anneau de fractions $Q = S^{-1}R$ est un anneau de Gorenstein de dimension 0, et donc, en particulier un anneau artinien. En vertu de la remarque plus haut M est un Q-module plat, et par suite (Q étant artinien) un Q-module projectif.

Nous supposons que $M \neq 0$ et en déduisons une contradiction. Q est un produit fini d'anneaux locaux artiniens Q_j, $1 \leq j \leq \nu$. Par conséquent M est un facteur direct d'une somme directe d'exemplaires de Q_j $(1 \leq j \leq \nu)$, et le lemme de Krull-Remak-Schmidt-Azumaya montre que M lui-même est somme directe d'exemplaires de Q_j $(1 \leq j \leq \nu)$. L'hypothèse $M \neq 0$ entraîne que $\mathrm{Ext}^i_R(Q_j,R) = 0$ pour au moins un Q_j. De la suite exacte

$$0 \to R \to Q \to Q/R \to 0$$

On obtient

$$\mathrm{Hom}_R(Q_j,Q) \to \mathrm{Hom}_R(Q_j,Q/R) \to \mathrm{Ext}^1_R(Q_j,R) = 0.$$

Q_j étant facteur directe de Q il existe une surjection: $Q = \mathrm{Hom}_R(Q,Q) \to \mathrm{Hom}_R(Q_j,Q)$ ce qui montre que $\mathrm{Hom}_R(Q_j,Q)$ et donc $\mathrm{Hom}_R(Q_j,Q/R)$ est dénombrable.

Nous écrivons tous les éléments non-diviseurs de zéro, appartenants à l'idéal maximal de R comme une suite $s_1,s_2,\dots s_n,\dots$. Q_j contient au moins un élément de la forme $[\frac{r}{1}]$ $r \neq 0$. Puisque l'intersection de toutes puissances de l'idéal maximal de R est zéro, il existe un entier a tel que $r \notin Rs_1^a$.

Toute série formelle

$$\varepsilon_1 s_1{}^a + \varepsilon_2\, s_1{}^{2a} s_2 + \dots + \varepsilon_n\, s_1{}^{na} s_2 \dots s_n + \dots \qquad (10)$$

$\varepsilon_i = 0,1$, définit (par multiplication) un homomorphisme de Q_j dans Q/R. Si $\varepsilon_1 = \dots = \varepsilon_{n-1} = 0$, $\varepsilon_n = 1$, l'image par l'application correspondante de l'élément

$$\left[\frac{r}{s_1{}^{(n+1)a} s_2 \dots s_n}\right]$$

dans Q_j est $\left[\frac{r}{s_1{}^a}\right]$ (modulo R), qui n'appartient pas à R en vertu du choix de a. Donc les séries formelles (10) définissent $2^{\aleph_0}$ homomorphismes de Q_j dans Q/R. Mais nous avons déjà vu que $\mathrm{Hom}_R(Q_j,Q/R)$ est dénombrable ce qui donne la contradiction voulue.

C.Q.F.D.

Par la même méthode on démontre

<u>Proposition 9.19.</u> L'assertion du théorème 9.18 est valable pour tout anneau de la forme $K[X,Y]$, K étant un corps quelconque.

Il est probable que le théorème 9.18 est valable pour tout anneau noethérien dénombrable.

BIBLIOGRAPHIE

1. M. Auslander, On the dimension of modules and algebras III, Nagoya Math. J. 9 (1955), 67-77.

2. H. Bass, Finistic dimension and a homological generalization of semi-primary rings, Trans. Amer. Math. Soc. 95 (1960), 466-488.

3. H. Bass, Injective dimension in Noetherien rings, Trans. Amer. Math. Soc. 102 (1962), 18-29.

4. H. Bass, On the ubiquity of Gorenstein rings, Math. Z. 82, (1963), 8-28.

5. N. Bourbaki, Topologie générale, Chap. I-II, Hermann, Paris 1961.

6. N. Bourbaki,Algèbre linéaire, Hermann, Paris 1962.

7. N. Bourbaki, Algèbre commutative, Chap. I-II, Hermann, Paris 1961.

8. N. Bourbaki, Algèbre commutative, Chap. III-IV, Hermann, Paris 1961.

9. N. Bourbaki, Algèbre commutative, Chap. V-VI, Hermann, Paris 1961.

10. H. Cartan and S. Eilenberg, Homological algebra, Princeton University Press, Princeton, 1956.

11. S.U. Chase, Direct product of modules, Trans. Amer. Math. Soc. 97 (1960), 457-473.

12. P.M. Cohn, On the free product of associative rings, Math. Z. 71 (1959), 380-398.

13. P.M. Cohn, Hereditary local rings, Nagoya Math. J. 27 (1966), 223-230.

14. R.M. Fossum, Duality over Gorenstein rings, Math. Scand. 26 (1970)

15. O. Gerstner, L. Kaup und H.G. Weidner, Whitehead-Moduln abzählbaren Ranges über Hauptidealringen, Archiv der Math. 20 (1969), 503-514.

16. R. Goblot, Sur les dérivés de certaines limites projectives. Applications aux modules. Bull. Sci. Math. 94 (1970), 251-255.

17. R.Godement, Topologie algébraique et théorie des faisceaux, Hermann,Paris,1958.

18. A.Hulanicki, Algebraical characterization of abelian groups which admit compact topologies, Fund.Math. 44 (1957),192-197.

19. A.V.Jategaonkar,A counter-example in ring theory and homological algebra,J.Algebra 12 (1969),418-440.

20. C.U.Jensen, Homological dimensions of rings with countably generated ideals, Math.Scand. 18 (1966), 97-105.

21. C.U.Jensen, Homological dimensions of $\aleph_0$-coherent rings, Math.Scand. 20 (1967), 55-60.

22. C.U.Jensen, Remarks on a change of rings theorem, Math. Z. 106, (1968), 395-401.

23. C.U.Jensen, On the vanishing of $\varprojlim^{(i)}$, J.Algebra 15 (1970), 151-166.

24. I.Kaplansky, On the dimension of rings and modules, X, Nagoya Math. J. 13 (1958), 85-88.

25. I.Kaplansky, Commutative rings, Mathematics Notes, Queen Mary College, London, 1966.

26. W.Krull, Allgemeine Bewertungstheorie, J.reine angew. Math. 167 (1931), 160-196.

27. O.A.Laudal, Cohomologie locale. Applications.Math. Scand. 12 (1963), 147-162.

28. O.A.Laudal, Sur les limites projectives et inductives. Ann. Scient.Ecole Norm. Sup. (3) 82 (1965), 241-296.

28. O.A.Laudal, Projective systems on trees and valuation theory, Can.J.Math. 20 (1968), 984-1000.

29. D.Lazard, Autour de la platitude, Bull. Soc. Math. France 97 (1969), 81-128.

30. H.Lenzing, Über Whiteheadmoduln, à paraître.

31. S.MacLane, Homology, Springer Verlag, Berlin, 1963.

32. F.Maeda, Kontinuerliche Geometrien,Springer Verlag, Berlin,1958.

33. E.Matlis, Modules with descending chain condition, Trans. Amer. Math. Soc. 97 (1960), 495-508.

34. B.Mitchell, Rings with several objects, à paraître dans Advances Math.

35. D.G. Northcott, An introduction to homological algebra, Cambridge Univ. Press, Cambridge, 1960.

36. R.J. Nunke, Modules of extensions over Dedekind rings, Ill. J. Math. 3 (1959), 222-241.

37. R.J. Nunke and J.J. Rotman, Singular cohomology groups, J. London Math. Soc. 37 (1962), 301-306.

38. G. Nöbeling, Über die Derivierten des inversen und des direkten Limes einer Modulfamilie, Topology 1 (1962), 47-63.

39. U. Oberst, Duality theory for Grothendieck categories and linearly compact rings, à paraître.

40. B.L. Osofsky, Global dimension of valuation rings, Trans. Amer. Math. Soc. 127 (1967), 136-149.

41. B.L. Osofsky, Upper bounds of homological dimensions, Nagoya Math. J. 32 (1968), 315-322.

42. J.E. Roos, Sur les dérivés de $\varprojlim$. Applications, C.R. Acad. Sci. Paris 252 (1961), 3702-3704.

43. J.E. Roos, Bidualité et structure des foncteurs dérivés de $\varprojlim$ dans la catégorie des modules sur un anneau régulier, C.R. Acad. Sci. Paris 254 (1962), 1556-1558.

44. J.E. Roos, Ibid., C.R. Acad. Sci. Paris 254 (1962), 1720-1722.

45. J.E. Roos, Locally Noetherian categories and generalized strictly linearly compact rings. Lecture Notes in Mathematics 92 (1968), 197-277.

46. L.W. Small, An example in Noetherian rings, Proc. Nat. Acad. Sci. U.S.A. 54 (1965), 1035-1036.

47. L.W. Small, Hereditary rings, Proc. Nat. Acad. Sci. U.S.A. 55 (1966), 25-27.

48. E. Specker, Additive Gruppen von Folgen ganzer Zahlen, Portugal. Math. 9 (1950), 131-140.

49. B. Stenström, Pure submodules, Arkiv för Matematik, 7 (1967), 159-171.

50. A. Tarski, Sur la décomposition des ensembles en sous-ensembles presque disjoints, Fund. Math. 12 (1928), 188-205.

51. S. Ulam, Zur Masstheorie in der allgemeinen Mengenlehre, Fund. Math. 16 (1930), 140-150.

52. Z.Z. Yeh, Higher inverse limits and homology theories, Thesis, Princeton, 1959.

53. E.C. Zeemann, On the direct sums of free cycles, J. London Math. Soc. 30 (1955), 195-212.

COMPLEMENTS ET ERRATA

1). O.A.Laudal m'a signalé que la démonstration du théorème 7.7 ne marche que dans le cas où gl.dim $R < \infty$. Autrement, en général, les suites spectrales du théorème 4.4 ne convergent pas. Cependant, la démonstration suivante du théorème 7.7 n'utilise pas les suites spectrales du théorème 4.4. En fait, en vertu de la cohérence de R tout R-module M de présentation finie a une résolution libre $\underline{P}$

$$P_n \xrightarrow[d_n]{} \cdots \longrightarrow P_1 \xrightarrow[d_1]{} P_0 \longrightarrow M \longrightarrow 0$$

où tout P_n est de type fini.

Donc $P_n \otimes \varprojlim A_\alpha \simeq \varprojlim (P_n \otimes A_\alpha)$, et par conséquent

$$\mathrm{Tor}_n^R(M, \varprojlim A_\alpha) \simeq H_n(\underline{P} \otimes \varprojlim A_\alpha) \simeq H_n(\varprojlim(\underline{P} \otimes A_\alpha)).$$

Pour tout n $P_n \otimes A_\alpha$ est linéairement compact, puisque P_n est libre de type fini; alors $\{\underline{P} \otimes A_\alpha\}$ est un système projectif de complexes, où tous les modules sont linéairement compacts et les homomorphismes sont continus. Si $K_{\alpha,n}$, resp. $L_{\alpha,n}$ désigne le noyau de $(d_n \otimes 1_{A_\alpha})$, resp. l'image de $(d_{n+1} \otimes 1_{A_\alpha})$, on aura, avec les applications évidentes, un diagramme commutatif de systèmes projectifs et formé de suites exactes

$$\begin{array}{ccccccccc}
 & & 0 & & 0 & & & & \\
 & & \uparrow & & \downarrow & & & & \\
0 & \rightarrow & \{L_{\alpha,n}\} & \longrightarrow & \{K_{\alpha,n}\} & \longrightarrow & \{H_n(\underline{P} \otimes A_\alpha)\} & \rightarrow & 0 \\
 & & \uparrow & & \downarrow & & & & \\
 & & \{P_{n+1} \otimes A_\alpha\} & \xrightarrow[\{d_{n+1} \otimes 1_{A_\alpha}\}]{} & \{P_n \otimes A_\alpha\} & & & & \\
 & & & & \downarrow \{d_n \otimes 1_{A_\alpha}\} & & & & \\
 & & & & \{P_{n-1} \otimes A_\alpha\} & & & &
\end{array} \qquad (*)$$

Toutes les applications sont continues, et à l'aide des propositions A-D dans § 7 on trouve que tous les modules qui interviennent dans le diagramme (*) sont linéairement compacts. Par suite, le théorème 7.1 implique que le diagramme qui s'obtient par l'application de $\varprojlim$ à (*) est formé de suites exactes. Ceci entraîne que

$$H_n(\varprojlim(\underline{P} \otimes A_\alpha)) \simeq \varprojlim H_n(\underline{P} \otimes A_\alpha) \simeq \varprojlim \mathrm{Tor}_n^R(M, A_\alpha),$$

et donc

$$\mathrm{Tor}_n^R(M, \varprojlim A_\alpha) \simeq \varprojlim \mathrm{Tor}_n^R(M, A_\alpha).$$

Maintenant on termine la démonstration comme indiqué à la p. 63.

2). L.Gruson a démontré le résultat suivant. Soient K un corps non-dénombrable et R la localisation de $K[X,Y]$ par rapport à l'idéal (X,Y). Alors $\mathrm{Ext}_R^2(Q,R) \neq 0$, où Q désigne le corps des fractions de R. A l'aide de ce résultat on peut construire un système projectif de R-modules libres de type fini $\{P_\alpha\}$ tel que $\varprojlim^{(2)} P_\alpha \neq 0$. Ceci suggère que les résultats au § 9 sont, en général, les meilleur possibles.

Vol. 146: A. B. Altman and S. Kleiman, Introduction to Grothendieck Duality Theory. II, 192 pages. 1970. DM 18,–

Vol. 147: D. E. Dobbs, Cech Cohomological Dimensions for Commutative Rings. VI, 176 pages. 1970. DM 16,–

Vol. 148: R. Azencott, Espaces de Poisson des Groupes Localement Compacts. IX, 141 pages. 1970. DM 16,–

Vol. 149: R. G. Swan and E. G. Evans, K-Theory of Finite Groups and Orders. IV, 237 pages. 1970. DM 20,–

Vol. 150: Heyer, Dualität lokalkompakter Gruppen. XIII, 372 Seiten. 1970. DM 20,–

Vol. 151: M. Demazure et A. Grothendieck, Schémas en Groupes I. (SGA 3). XV, 562 pages. 1970. DM 24,–

Vol. 152: M. Demazure et A. Grothendieck, Schémas en Groupes II. (SGA 3). IX, 654 pages. 1970. DM 24,–

Vol. 153: M. Demazure et A. Grothendieck, Schémas en Groupes III. (SGA 3). VIII, 529 pages. 1970. DM 24,–

Vol. 154: A. Lascoux et M. Berger, Variétés Kähleriennes Compactes. VII, 83 pages. 1970. DM 16,–

Vol. 155: Several Complex Variables I, Maryland 1970. Edited by J. Horváth. IV, 214 pages. 1970. DM 18,–

Vol. 156: R. Hartshorne, Ample Subvarieties of Algebraic Varieties. XIV, 256 pages. 1970. DM 20,–

Vol. 157: T. tom Dieck, K. H. Kamps und D. Puppe, Homotopietheorie. VI, 265 Seiten. 1970. DM 20,–

Vol. 158: T. G. Ostrom, Finite Translation Planes. IV. 112 pages. 1970. DM 16,–

Vol. 159: R. Ansorge und R. Hass. Konvergenz von Differenzenverfahren für lineare und nichtlineare Anfangswertaufgaben. VIII, 145 Seiten. 1970. DM 16,–

Vol. 160: L. Sucheston, Constributions to Ergodic Theory and Probability. VII, 277 pages. 1970. DM 20,–

Vol. 161: J. Stasheff, H-Spaces from a Homotopy Point of View. VI, 95 pages. 1970. DM 16,–

Vol. 162: Harish-Chandra and van Dijk, Harmonic Analysis on Reductive p-adic Groups. IV, 125 pages. 1970. DM 16,–

Vol. 163: P. Deligne, Equations Différentielles à Points Singuliers Reguliers. III, 133 pages. 1970. DM 16,–

Vol. 164: J. P. Ferrier, Seminaire sur les Algebres Complètes. II, 69 pages. 1970. DM 16,–

Vol. 165: J. M. Cohen, Stable Homotopy. V, 194 pages. 1970. DM 16,–

Vol. 166: A. J. Silberger, PGL_2 over the p-adics: its Representations, Spherical Functions, and Fourier Analysis. VII, 202 pages. 1970. DM 18,–

Vol. 167: Lavrentiev, Romanov and Vasiliev, Multidimensional Inverse Problems for Differential Equations. V, 59 pages. 1970. DM 16,–

Vol. 168: F. P. Peterson, The Steenrod Algebra and its Applications: A conference to Celebrate N. E. Steenrod's Sixtieth Birthday. VII, 317 pages. 1970. DM 22,–

Vol. 169: M. Raynaud, Anneaux Locaux Henséliens. V, 129 pages. 1970. DM 16,–

Vol. 170: Lectures in Modern Analysis and Applications III. Edited by C. T. Taam. VI, 213 pages. 1970. DM 18,–

Vol. 171: Set-Valued Mappings, Selections and Topological Properties of 2^X. Edited by W. M. Fleischman. X, 110 pages. 1970. DM 16,–

Vol. 172: Y.-T. Siu and G. Trautmann, Gap-Sheaves and Extension of Coherent Analytic Subsheaves. V, 172 pages. 1971. DM 16,–

Vol. 173: J. N. Mordeson and B. Vinograde, Structure of Arbitrary Purely Inseparable Extension Fields. IV, 138 pages. 1970. DM 16,–

Vol. 174: B. Iversen, Linear Determinants with Applications to the Picard Scheme of a Family of Algebraic Curves. VI, 69 pages. 1970. DM 16,–

Vol. 175: M. Brelot, On Topologies and Boundaries in Potential Theory. VI, 176 pages. 1971. DM 18,

Vol. 176: H. Popp, Fundamentalgruppen algebraischer Mannigfaltigkeiten. IV, 154 Seiten. 1970. DM 16,–

Vol. 177: J. Lambek, Torsion Theories, Additive Semantics and Rings of Quotients. VI, 94 pages. 1971. DM 16,–

Vol. 178: Th. Bröcker und T. tom Dieck, Kobordismentheorie. XVI, 191 Seiten. 1970. DM 18,–

Vol. 179: Seminaire Bourbaki – vol. 1968/69. Exposés 347-363. IV. 295 pages. 1971. DM 22,–

Vol. 180: Séminaire Bourbaki – vol. 1969/70. Exposés 364-381. IV, 310 pages. 1971. DM 22,–

Vol. 181: F. DeMeyer and E. Ingraham, Separable Algebras over Commutative Rings. V, 157 pages. 1971. DM 16,–

Vol. 182: L. D. Baumert. Cyclic Difference Sets. VI, 166 pages. 1971. DM 16,–

Vol. 183: Analytic Theory of Differential Equations. Edited by P. F. Hsieh and A. W. J. Stoddart. VI, 225 pages. 1971. DM 20,–

Vol. 184: Symposium on Several Complex Variables, Park City, Utah, 1970. Edited by R. M. Brooks. V, 234 pages. 1971. DM 20,–

Vol. 185: Several Complex Variables II, Maryland 1970. Edited by J. Horváth. III, 287 pages. 1971. DM 24,

Vol. 186: Recent Trends in Graph Theory. Edited by M. Capobianco/J. B. Frechen/M. Krolik. VI, 219 pages. 1971. DM 18,–

Vol. 187: H. S. Shapiro, Topics in Approximation Theory. VIII, 275 pages. 1971. DM 22,–

Vol. 188: Symposium on Semantics of Algorithmic Languages. Edited by E. Engeler. VI, 372 pages. 1971. DM 26,–

Vol. 189: A. Weil, Dirichlet Series and Automorphic Forms. V, 164 pages. 1971. DM 16,–

Vol. 190: Martingales. A Report on a Meeting at Oberwolfach, May 17-23, 1970. Edited by H. Dinges. V, 75 pages. 1971. DM 16,–

Vol. 191: Séminaire de Probabilités V. Edited by P. A. Meyer. IV, 372 pages. 1971. DM 26,–

Vol. 192: Proceedings of Liverpool Singularities – Symposium I. Edited by C. T. C. Wall. V, 319 pages. 1971. DM 24,–

Vol. 193: Symposium on the Theory of Numerical Analysis. Edited by J. Ll. Morris. VI, 152 pages. 1971. DM 16,–

Vol. 194: M. Berger, P. Gauduchon et E. Mazet. Le Spectre d'une Variété Riemannienne. VII, 251 pages. 1971. DM 22,–

Vol. 195: Reports of the Midwest Category Seminar V. Edited by J.W. Gray and S. Mac Lane. III, 255 pages. 1971. DM 22,–

Vol. 196: H-spaces – Neuchâtel (Suisse)- Août 1970. Edited by F. Sigrist, V, 156 pages. 1971. DM 16,–

Vol. 197: Manifolds – Amsterdam 1970. Edited by N. H. Kuiper. V, 231 pages. 1971. DM 20,–

Vol. 198: M. Hervé, Analytic and Plurisubharmonic Functions in Finite and Infinite Dimensional Spaces. VI, 90 pages. 1971. DM 16,–

Vol. 199: Ch. J. Mozzochi, On the Pointwise Convergence of Fourier Series. VII, 87 pages. 1971. DM 16,–

Vol. 200: U. Neri, Singular Integrals. VII, 272 pages. 1971. DM 22,–

Vol. 201: J. H. van Lint, Coding Theory. VII, 136 pages. 1971. DM 16,–

Vol. 202: J. Benedetto, Harmonic Analysis on Totally Disconnected Sets. VIII, 261 pages. 1971. DM 22,–

Vol. 203: D. Knutson, Algebraic Spaces. VI, 261 pages. 1971. DM 22,–

Vol. 204: A. Zygmund, Intégrales Singulières. IV, 53 pages. 1971. DM 16,–

Vol. 205: Séminaire Pierre Lelong (Analyse) Année 1970. VI, 243 pages. 1971. DM 20,–

Vol. 206: Symposium on Differential Equations and Dynamical Systems. Edited by D. Chillingworth. XI, 173 pages. 1971. DM 16,–

Vol. 207: L. Bernstein, The Jacobi-Perron Algorithm – Its Theory and Application. IV, 161 pages. 1971. DM 16,–

Vol. 208: A. Grothendieck and J. P. Murre, The Tame Fundamental Group of a Formal Neighbourhood of a Divisor with Normal Crossings on a Scheme. VIII, 133 pages. 1971. DM 16,–

Vol. 209: Proceedings of Liverpool Singularities Symposium II. Edited by C. T. C. Wall. V, 280 pages. 1971. DM 22,–

Vol. 210: M. Eichler, Projective Varieties and Modular Forms. III, 118 pages. 1971. DM 16,–

Vol. 211: Théorie des Matroïdes. Edité par C. P. Bruter. III, 108 pages. 1971. DM 16,–

Vol. 212: B. Scarpellini, Proof Theory and Intuitionistic Systems. VII, 291 pages. 1971. DM 24,–

Vol. 213: H. Hogbe-Nlend, Théorie des Bornologies et Applications. V, 168 pages. 1971. DM 18,–

Vol. 214: M. Smorodinsky, Ergodic Theory, Entropy. V, 64 pages. 1971. DM 16,–